图书在版编目（CIP）数据

轻墙隔声：设计与构造 / 王季卿，顾樘国著.

上海：同济大学出版社，2025.1.

ISBN 978-7-5765-1202-1

Ⅰ. TU112

中国国家版本馆CIP数据核字第20248KP552号

轻墙隔声——设计与构造

著　　作　　王季卿　顾樘国

责任编辑　　陈立群（clq8384@126.com）

装帧设计　　景嵘设计

封面设计　　陈益平

电脑制作　　朱丹天

责任校对　　徐春莲

出版发行　　同济大学出版社 www.tongjipress.com.cn

　　　　　　（地址：上海市四平路1239号　邮编：200092　电话：021-65985622）

经　　销　　全国各地新华书店

印　　刷　　上海锦良印刷厂有限公司

成品规格　　188mm×260mm　240面

字　　数　　319 000

版　　次　　2025年1月第1版

印　　次　　2025年1月第1次印刷

书　　号　　ISBN 978-7-5765-1202-1

定　　价　　128.00元

轻墙隔声
——设计与构造

王季卿　顾樯国　著

同济大学出版社·上海

前　言

房屋隔声研究起自上世纪初，以 1911 年德国 Berger 在他学位论文中，首次提出墙体隔声量（以分贝计）与其质量的对数成正比关系的论述，作为一个重要标志算起，迄今已一百又十余年了。这一隔声量按墙体质量递增的规律告诉我们：墙体质量每增一倍，其隔声量递升 6 分贝（dB）。此后，随着声学技术进步，绕过质量规律的双层轻墙隔声研究，无论在理论上或工程实践上均有所突破。在实际应用中，鉴于房屋构造向轻质高强发展，轻墙隔声问题受到生产部门、建筑设计和研究单位的普遍关注。我们经历了这段发展过程，利用同济大学的实验条件，向产业部门提供了数以百计的轻质墙体隔声测定资料。现结合轻墙隔声技术作一概要介绍，供广大业界人士参考。鉴于数据积累时间跨度较长，一些产品可能已被淘汰。作为经验介绍，从中仍可获得某些教益。又鉴于国内有些地区，建设中还会使用这些墙体材料，某些数据也许仍有参考价值。

近三十多年来，石膏板轻钢龙骨隔墙在我国已发展成为轻质隔断的主流，也是接受外界隔声测试的主要品种。鉴于板材厚度、层数的不同，龙骨尺寸和布局的变化，以及腔内吸声填料等多种因素的变化，其隔声性能往往有赖于实验确定。由此所积累的资料，不仅有助于产品发展，对广大用户也是良好实用参考。

同济大学隔声实验室始建于 1957 年，是国内最早的房屋间壁隔声测量机构。1962 年国家科委声学测试基地成立，安排同济大学担任建筑隔声测试基地任务，并于 1964 年通过了由同济大学起草的《SC4.1 隔声测试规范（试行）》，成为国内首个建筑声学方面的规范。同济大学隔声实验室于 1981 年对墙体试件面积按当时 ISO 标准要求不小于 $10m^2$ 做了改造。试件洞口由 $6m^2$（2.5m×2.4m）改建为 $10m^2$（高 2.5m 未变，宽度扩至 4.0m）。2018 年试件洞口宽度又扩大为 4.2m。

1980 年全国声学标准化委员会成立，将隔声测试规范列为首批工作内容。自我国参加国际标准化组织 ISO 以来，一般技术性措施与要求都参照 ISO 规定执行。

《轻墙隔声——设计与构造》一书，汇集了我们多年来研究的成果，也包含了为业界服务的测试资料，同时又结合轻墙隔声基本知识的介绍和数据分析，便于读者举一反三，更好地在建筑设计中处理隔声问题。本书在编写中还引用了一些国外数据，以补充问题的说明。

同济大学曾于1965年12月20～22日在上海主办了国内建筑隔声学术讨论会,共收论文55篇,是我国第一次建筑声学专题大型学术活动。1970年代后期,我国科研工作逐渐恢复,又随着建设事业发展,房屋隔声再度受到业界关注。1980年前后数年间,我们连续发表多篇轻墙隔声论文,并提出了理论估算方法——国际上称"顾－王公式",沿用迄今。及至2018年以来,我们又发表了中英文论文五篇(见本书附录二),对此课题再次作了深入探讨。

　　这些年来,除墙体隔声研究外,我们还关注用户对隔声问题的反应和需求。例如:在上海市开展了两次较大规模近千户住宅噪声主观反应调查和声学测量,交通噪声对中小学课堂行为影响的研究等。在声学材料方面,我们更关注声学界对墙体隔声的研究成果,如:声学材料方面出版的专著《建筑吸声材料与隔声材料》(钟祥璋著,2005)。

　　本书出版得到本校建筑与城市规划学院领导的支持,学院建筑技术学科主持人郝洛西教授也给予很大的支持。在此深表谢意!

2023年10月

目　录

第一章 基本知识

一、间壁隔声的计量

1. 频程和声级

人可听到的最大频率范围是 20～20000 赫兹（Hz）[*]，听觉敏感区范围则小得多，通常都在 50～10000Hz。在房屋隔声工程中考虑的频率范围更窄一些，在 100～4000Hz。只有在必要的特殊条件下才扩充之。考虑到人耳分辨能力和工程处理上的方便，又将它们按倍频程来分段，取其中心频率 125、250、500、1000、2000 和 4000Hz 为标注，并以其中心频率作为频程代号。工程处理上又常需分得更细一点，取 1/3 倍频程作为区间较为合用。于是 ISO 国际标准化组织规定计量的 16 频率段（频段）分别为（以频段的中心频率为代表值）：100、125、160、200、250、315、400、500、630、800、1000、1250、1600、2000、2500 和 3150Hz。（北美地区则取中心频率 125～4000Hz，与之可能略有出入，其误差一般在 1dB 之内而通用。）在隔声工程中，通常仅考虑此频段内的声级变化，已足够说明它的效果。

频程作如此划分有其背景和简化过程，略述如下。频带的宽度 Δf 的上下限分别为 $f_上$ 和 $f_下$，如式（1-1）：

$$\Delta f = f_上 - f_下 \quad (\text{Hz}) \quad (1-1)$$

频带区间是指 $f_上$ 和 $f_下$ 之比值，记为 2^n。若 $n=1$，则称为 1 倍频程；若 $n=\frac{1}{B}$，则称为 1/3 倍频程。

为了简便，常用频带的中心频率 $f_{中心}$ 作为该频程的代号，它是该频率限值范围的几何均值，即

$$f_{中心} = (f_上 \cdot f_下)^{1/2} \quad (\text{Hz}) \quad (1-2)$$

于是频宽（频带宽度简称）与中心频率 $f_{中心}$ 之比

$$\frac{\Delta f}{f_{中心}} = 2^{n/2} - 2^{-n/2} \quad (1-3)$$

在建筑声学中取 1/3 倍频程来分析声音的音调变化，已足够精细和合适了。该频带的上下频率 $f_上$ 和 $f_下$ 之比和频带宽度 Δf 的关系分别为：

$$\frac{f_上}{f_下} = \sqrt[3]{2} = 10^{1/10} \quad (1-4)$$

$$\Delta f \approx 0.23 \cdot f_{中心} \quad (\text{Hz}) \quad (1-5)$$

1/3 倍频程的区间为 $10^{1/10} = 1.258925$。其精确中心频率见表 1-1。由此可以看出常用的标称频率比较简洁醒目，整齐易记。它与精细值相差不大，两者差值不在听觉可辨范围之内，而前者使用上则方便得多。它已得到声学界公认，早就为 ISO 国际标准化组织所确认。

人耳可听声的强弱范围是以空气中的

---

[*] 频率的单位"赫兹"由纪念 19 世纪著名科学家享利希·赫兹（Heinrich Hertz）而来，简写 Hz。

表 1-1　1/3 倍频带的标称中心频率和精细值　　　　　　　　　　　（单位：Hz）

标称值	精细值	标称值	精细值	标称值	精细值
100	100.00	**400**	398.11	**1600**	1584.89
125	125.89	**500**	501.10	**2000**	1965.26
160	158.49	**630**	630.96	**2500**	2511.89
200	199.53	**800**	794.33	**3150**	3162.28
250	251.19	**1000**	1000.00	**4000**	3981.07
315	316.23	**1250**	1258.93		

声压来计量的。可听范围声压变化非常大，例如能听到 1000Hz 最微弱声音的声压是 20μPa（20 微帕，μ 是百万分之一的代号），而强大的高声压可达 2000Pa 甚至更高。这样大变化范围在数字表达上不大方便，因此常用以对数计的声 [压] 级 L_p 来表示，单位为分贝（dB）[**]。

表 1-2　声压比数与分贝对照

声压比数	1	1.25	1.6	2	2.5	3.15	4	5	6.3	8	10
分贝（dB）	0	2	4	6	8	10	12	14	16	18	20

于是声压级的定义是：某声音出现时的声压 p 与一个基准值 p_0 作比较，并取其比值的常用对数值如下

$$L_p = 20\lg(p/p_0)\quad \text{dB}\qquad (1-6)$$

式中的基准声压 p_0 按国际统一规定为 20μPa。于是，日常出现的声级数值范围就压缩得比较小了。通常要处理的声级变化范围不过 0～120dB（见图 1-1），出现更高的声级将会另外引起人生理上的痛感问题。

在此，0dB 相当于最低可听声压级，即声压处于 20μPa 状态。更低声压级的声音属可闻阈之下，工程上无须考虑。故 0dB 声音并非代表"没有"声音出现，只是处于人耳闻阈的下限，即声音低到听闻"有无"的界限。于是，负值的声级现象在工程处理上已毫无意义。高于 120dB 的声音在日常生活中极少出现，离开爆炸声源 1m 处才可能大

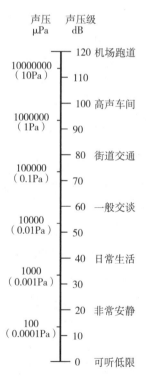

图 1-1　声压（μPa）与声压级（dB）0～120dB 对应人耳的感知

[**]　声级的单位"贝尔"用以纪念电话发明人贝尔（Bell），取十分之一贝尔为 1 分贝，简写 dB。

于此值。声压级 L_p 高至 140dB 时，人耳开始产生痛觉，如不加防护有致聋危险。如此高声级的声音一般房屋隔声中不至于出现。

隔声工程主要处理的问题是所在空间的声压级变化，简称"声级"变化。

2. 隔声量 R（又称透射损失 TL）

隔声量是表述间壁隔声效果的基本物理参量。它是指：入射到间壁一侧的声功率与透射到另一侧空间的声功率的比值，如以其对数比值计，即入射声功率级与另一侧透射声功率级之差。在此透射过程中造成的损失（简称透射损失）即通常所谓隔声量 R，以分贝（dB）计。两者通用，本书统一使用前者。

由于间壁表面的入射声强和透射声强（功率）不易量测，通常采用被测墙体两侧空间中的声压级来反映。如声源室和接收室的声场充分扩散，即室内各处声压级几乎相等，被测墙体两侧空间中的声压级便可由两侧声场来测定。它们的差值可代表间壁的隔声量。

间壁隔声量随声波的频率而异，一般情况下隔声量随频率上升而增高。此外，它也因入射波角度不同而异，即隔声量随着声波从正入射（垂直于受试墙面）转向掠入射而变化。如不作注明，常指所有入射角下的平均隔声量。

一个高隔声量的间壁，它所传透的声功率只是入射声功率的很小部分。例如，间壁的隔声量为 50dB，即指只有入射声功率的 1/100000 透过了该间壁，也就是说声源室声级 L_1 和接收室声级 L_2 之差值由间壁隔声性能决定。

透过间壁传入接收室的声功率，除受室内声场的吸收条件（以室内吸声量为表征）影响外，还与间壁面积 S 有关。于是构件隔声量 R 可由下式修正为

$$R = L_1 - L_2 + (S/A) \quad \text{dB} \quad (1-7)$$

式中，L_1 和 L_2 分别为声源室和接收室的声级（dB），S 为间壁面积（m^2），A 为接收室内吸声量（m^2）。

3. 各频段平均隔声量 $\overline{R}$ 与计权隔声量 R_w（又称隔声指数）

墙体隔声量随频率而异，为了方便可用各频段隔声量的平均值作为单值评价量，符号为 $\overline{R}$。对于比较隔声量频率特性类似墙体的隔声性能是方便的，但这样表述的明显缺点是：构件隔声量的频率特性被模糊了。例如：高频隔声量较大的隔墙与另一个仅低频隔声量大的隔墙相比，实际隔声效果显然不同，尽管它们各频率隔声量平均值很接近。于是从实用要求考虑，提出一种计权办法。根据人们听力特征及一般噪声和墙体隔声特性等方面因素，设定了隔声要求频率特征曲线簇（图 1-2）。这个参量与人们主观听感关系比较密切，于是成为评价墙体隔声效果重要参量。

该曲线斜率按三个不同频段（100～400Hz、400～1250Hz、1250～3150Hz）分别规定为 9、3、0dB/oct，并取该隔声曲线 500Hz 隔声量 R 作为代表值，称计权隔声量 R_w，以 dB 计。曲线簇按 1dB 递增。

图 1-3 的两个间壁，在各频段的隔声量 R 变化规律（隔声量频率特性）有明显差异，如果用平均隔声量作比较就不恰当。因为它们的听感实效不同，于是提出以规范化的频率／隔声量曲线作比较的办法，来处理这个问题。在 1930 年代末，德国标准大致

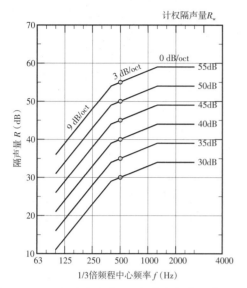

图 1-2　用于评价墙体对不同频率空气声隔绝效果的等值曲线图

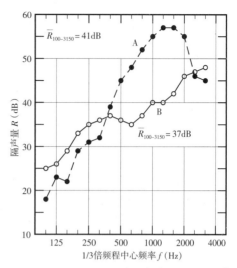

图 1-3　A、B 两个不同隔声频率特性间壁的隔声量 R（dB）示例

A 和 B 两墙 16 个频率隔声量的算术平均值 $\overline{R}$ 分别为 41dB 和 37dB

上参考一砖墙的隔声量／频率变化来设定一组参考曲线。1941 年德国标准 DIN 4109 又制定了以 100～400Hz 的上升斜率为 9dB/oct，400～1250Hz 的上升斜率为 3dB/oct，1250～3150 Hz 取同值（0dB/oct）等要求（图 1-2）组成的一组按 1dB 晋级的曲线簇标准，并以曲线在 500Hz 处的隔声量值作为代号。此后为国际标准化组织 ISO 采纳，成为国际通用准则。其评定方法是：

在 16 个 1/3 倍频程（中心频率为 100～3150Hz）内，如该墙体隔声曲线与参考曲线的不利偏差总和接近且不大于 32dB，则以该参考曲线编号，作为该间壁的计权隔声量 R_w（图 1-4，图 1-5）。当初还有一个补充规定：任一 1/3 倍频带声压级，小于参考曲线的最大偏差值不得大于 8dB。

1982 年，国际标准化组织 ISO 下属专业委员会复审时，提出取消该补充规定（见 ISO 717）[1, 2]。也就是说，评定时只计偏离所选参照曲线的不足部分，以不利偏差总量最接近 32dB（相当于 16 个 1/3 倍频带的各个不利偏差 2dB）为度。1996 年起正式以此为准，我国《建筑隔声评价标准》（GB/T 50121—2005）也作了相应改变。据此，本书所列隔声资料除列出 100～3150（4000）Hz 范围内各 1/3 倍频程隔声量外，还给出各墙体（100～3150Hz）的计权隔声量 R_w 作为它的单值评价量。

近年来，一些国家在执行上述 ISO 标准同时，还提出向更低频和更高频扩充频率限值范围的建议，拟增加 50Hz、63Hz、4000Hz 和 5000Hz 四个 1/3 倍频程的限值。

1　在北美地区，计权隔声量 R_w 是按 125～4000Hz 的 16 个 1/3 倍频程的隔声量计算的。它与 ISO 体系计算值会出现 1dB 左右差值。又对 ISO 标准已取消了的最大偏差值不得大于 8dB 规定仍然保留至今，于是个别构件 R_w 值因此会与 ISO 计算结果出现差异。

2　在 ISO 717 和 ISO 140 新标准中，采用计权隔声量 R_w 替代隔声指数 I_a。本书亦统一使用 R_w。

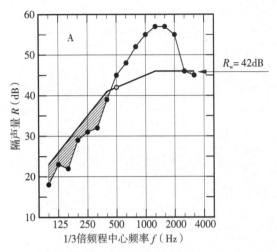

图1-4 A墙按16个频率隔声量评定的计权隔声量 R_w 为42dB。不利偏差即测定位未达标部分（阴影区）。

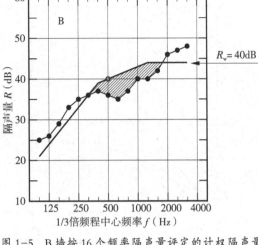

图1-5 B墙按16个频率隔声量评定的计权隔声量 R_w 为40dB。不利偏差即测定位未达标部分（阴影区）。

鉴于实际应用中必要性尚有待商榷外，对如此低频段的测量而言，无论仪器设备和测试技术上都还存在一些困难和未解决的现实问题，本书中所列资料，又受当年记录所限，故频段范围未予扩展。

4. 空气声隔声评价修正量（R_w+C）和（R_w+C_{tr}）

在《建筑隔声评价标准》（GB/T 50121—2005）中，根据 ISO 717-1（1996）新的规定，增加了主要用于外墙的两种评价修正量 C 和 C_{tr}。这是由于构件隔声测试是在两个混响实验室中进行的，而实际应用中外墙一侧是自由声场，且以交通噪声为主。从该文件所列举如表1-3的噪声源亦可明确之。

本书中所列各种间壁空气声隔声性能指标都是在实验室测量所得，其单值隔声参量 R_w 是按照《建筑隔声评价标准》（GB/T 50121—2005）规定的方法，在 100～3150Hz 频率段内，对各1/3倍频程的隔声量计权后所得到的单一计权隔声量 R_w，表征建筑构件空气声隔声性能实验室测定的

表1-3 不同种类噪声源及其宜采用的频谱修正量

噪声源种类	宜采用的频谱修正量
日常活动（谈话、音乐、收音机和电视） 儿童游戏 轨道交通，中速和高速 高速公路交通，速度 >80km/h 喷气式飞机，近距离 主要辐射中高频噪声的设施	C（频谱1）
城市交通噪声 低速轨道交通 螺旋桨飞机 远距离喷气式飞机 Disco 音乐 主要辐射低中频噪声的设施	C_{tr}（频谱2）

单值评价指标。在工程实际应用时，必须对上述间壁构件的计权隔声量 R_w 以构件所处不同场所（见表1-3）的噪声频谱修正量 C 或 C_{tr} 进行调整。即以（R_w+C）或（R_w+C_{tr}）值与构件空气声隔声标准作比较来考察，以供设计人员在间壁隔声设计时选用。可以说，前者（R_w）是实验室测量值，后者对应于现场的测量值，是建成后间壁实际要达到的值。频谱修正量是因隔声频谱不同以及声源空间

的噪声频谱不同，所需加到空气声隔声单值评价量上的修正值。当声源空间的噪声呈粉红噪声频率特性或交通噪声频率特性时，计算得到的频谱修正量分别是粉红噪声频谱修正量 C 或交通噪声频谱修正量 C_{tr}。它们分别考虑了以生活噪声为代表的中高频成分较多的噪声源，以及以交通噪声为代表的中低频成分较多的噪声源，对建筑物和建筑构件实际隔声性能的影响。使用中将视间壁所处不同噪声环境来选用。

5. 其他隔声参量

（1）声透射因数，或简称声透射 t

声透射因数的定义是：在给定频率和条件下，经墙或间壁等分界面透射声功率与入射声功率之比。一般指两个扩散声场间的声能传输。鉴于房屋隔声的实验和工程设计计算中，普遍以 dB 计的隔声量为主。因此只在计算公式推导过程中用到。

（2）噪声降低，又称降噪量 NR

依据《声学名词术语》（GB/T 3947—1996），凡采取任何措施降低噪声的过程均称为噪声降低，该术语也用以表达降低噪声的程度，以 dB 计，又称降噪量 NR。由此引申，间壁由于两个相邻房间之间的隔声作用，受声空间的声级降低程度由间壁隔声性能决定。

两室之间的降噪效果如仅取两室之间计权声级差（例如 A 计权声级差）来表征，测量工作简便得多。如声源条件不加规定，其结果差异必然很大。目前尚无规范性措施给予限制。

（3）插入损失 IL

噪声控制工程常用插入损失 IL（dB）表征一个系统（相邻房间或管道系统）中，插入了消声组件（间壁或管路）后达到的以分贝计的降噪量值。

插入损失 IL（dB）这一参量较多用来表述管道系统的消声效果。在房屋隔声方面很少使用。再说插入损失 IL 这一参量与房屋隔声常用参量——隔声量 R 之间没有简单换算方式，在实验技术上也存在一些困难。故在房屋隔声工程中，非必要时很少采用。

二、不同入射声场下的间壁隔声量

讨论间壁隔声必然涉及发声室的声场扩散以及射向间壁的入射角问题。因为声场扩散程度涉及测点布局、数量和结果精度，入射角又直接涉及试件隔声性能。因此它们是讨论间壁隔声的两个前提，也是对间壁隔声量数据可信度的说明。

1. 平面波的正入射和斜入射

研究间壁隔声的原始模型是：假设间壁是无限大的平面，既要求比所考虑的声波波长大得多，又要求表面不平整度比所考虑声波的波长小得多。于是在间壁面前的声能恰好加倍。这种正入射情况除了管道（如实验用驻波管）中的低频声外，在现实房间条件下较少出现。

间壁在声源室所接受的声波，除了极少数正入射外，绝大部分属于斜入射声波。间壁前平面入射波引起的干涉会使空间内声场出现起伏，甚至很大起伏。这和声源室形状和大小有关，也和测试声的频率有关。

2. 扩散的无规入射声场

声源室内受试间壁面前，如处于一个无规入射的声场是比较理想的。这只有在声扩散良好的声源室才能实现，还与声源（扬声器）布局、位置、数量和选用测试声信号等有关。通常在试件对面两个下边墙角分别设置一个独立输出信号源的扬声器，大致可以实现对测试间壁作无规入射的声场。

3．室内角点声场的取样

一般室内声学测量时，总是取室内空间若干测点的平均，避开靠近壁面处的取样。但从我们的经验来说，还可以用室内角点声场变化作为空间多点接收平均值的替代，这也是一种不错的选择，其优点：角点声级比空间平均声级高出很多，理想的增值可达9dB之多，无形中提高了接收信号的信噪比。角点接收位置又容易固定，可提高测量结果的重复率。

三、侧向传声

实际建筑物中，相邻两室之间的隔声，除了通过公共间壁直接传声途径之外，还有许多间接旁路。它们分别沿着两侧墙、顶和地四个方向的传声途径传至邻室，再沿着三个传声支路传递，如图1-6所示。其中F1是由间壁通过侧墙向邻室辐射的。另沿发声室侧墙分两路（见图1-6中F2和F3）传向邻室。这些侧向传声对相邻两室之间隔声效果的影响，还因建筑物本身的结构而异。大致上可分四种类型：①重墙重楼板，②重墙轻楼板，③轻墙轻楼板，④轻墙重楼板。它们的侧向传声效果和采取的隔声措施不同。一般以轻墙轻楼板构造的房屋中侧向传声最为严重。

对于低隔声要求间壁的建筑物而言，相邻两室之间隔声效果一般由间壁性能决定。如果隔声要求提高，侧向传声就显得重要了。也就是说侧向传声会限制两室之间的实际隔

声效果。

在实验室作构件隔声测试时，要排除侧向传声的影响，或将它限制到最低程度，以确保构件所测定的隔声量能代表它的隔声性能。故在隔声实验时，要求在不受侧向传声影响的特殊隔声实验室中进行。相关措施及其效果将在第四章中介绍和讨论。

四、间壁隔声量要求概述

讨论间壁隔声时，有必要先澄清一下它与吸声的区别。前者因间壁的出现使两个空间的声音传播受到了阻断，其作用以dB计，表述该处声压级的下降量。例如间壁隔声量为40dB，相当于声能下降为1/10000（=10log10000=40）。至于声波射向壁面作反射时，它以反射声能占入射声能的百分率来考虑。吸声系数0.90意味仅0.10（1/10）声能被反射，其后果是反射声级下降了10dB。同理，隔声量10dB的间壁将使得声能下降为1/10，40dB隔声量就意味着声能下降为1/10000。这是讨论材料隔声和吸声性能时在计量上的基本区别。

实际应用中考虑间壁隔声时，必须兼顾其物理参量（客观性）和人们对此所作出的

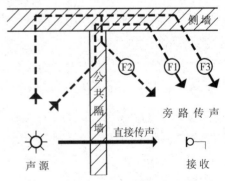

图1-6　相邻两室之间，除了通过间壁直接传声途径，还有许多间接传声途径。
它们由四个侧面传至邻室。每个侧面又由三个方面（图中分别注以F1，F2和F3）组成。

反应（主观性），两者不是简单的线性相关。早在1940年代初，德国制定的房屋隔声规范（DIN 4109）提出的隔声量随频率而变的三段斜率要求（见图1-2），沿用至今，只是在评定细节上有些补充。主要是取消了评定构件隔声量等级时，任一频段不利偏差不得大于8dB的限制（1990年代修订）。而在美国、加拿大规范中，迄今仍保留此项要求。因此参照北美国家数据时得留意此点。

房屋中的间壁隔声要求随使用条件和使用者而异。这涉及当事人对各种声环境的需求，还因事因时而异。而建筑物这方面，以普适性为主，又受当地建筑法规制约。表1-4给出实际效果的简明对照。这仅是对一般情况而言，便于设计者参考应用。

表1-4 两室之间隔声量 R 实际效果简明对照

隔声量 R（dB）	一般谈话声	大声讲话	收音机播放音乐
30	很清晰	非常清晰	清晰可闻
40	可懂	清晰可懂	可闻
50	听不懂	部分听懂	略有所闻
60	听不到	听不懂	听不到
70	听不到	听不到	听不到

由于个人听力敏感程度有差异，所处场合及状态（如当时环境安静程度、听者作息状态等）亦会有差异，差别甚至可能非常之大。这里涉及经济、社会、习惯和年龄等许多因素。在工程建设中，通常可简单地分为最低要求限值和较高要求两个档次。又因房屋使用时限较长，一旦建成，再要改善，困难不少。处理房屋隔声问题即为其中一例。其分档就只能宜粗不宜细。

住宅隔声限值最早出现在我国工程设计规范中，是在1950年代。至于实施中如何贯彻和检验，是长期以来未能解决的实际问题。再说，除了空气声隔绝，还有性质不同、措施各异的楼板撞击固体声隔绝问题交集在一起，执行住宅隔声法规有作整体考虑之必要。例如某方面达标，并不能补偿或替代其

他方面的不足。它既有整体上要求，又有具体分项要求，互相不能替代。至于学校、医院、办公等其他类型用房，对隔声要求各有其特殊性。解决之道，既有技术措施方面问题，亦有技术管理和行政措施问题。也只有多方面配合下，才能收到实效。

在《住宅设计规范》（GB 50096—2011）中，第7部分关于室内环境对隔声、降噪列有专门条款，其中规定：住宅中卧室和起居室内等效连续A声级不大于45dB，夜间不大于37dB；分户墙和楼板的空气声隔绝性能 R_w+C 应大于45dB。这些规定都属于强制性执行条款（详见第四章第五节讨论）。由于执行机构和执法步骤等尚待完善，这些法规的执行情况如何有待总结。当然这些法规的建立是重要的起步。

第二章　单层间壁的隔声

间壁的隔声量 R（以 dB 计）通常按两个相邻空间都处于扩散声场的声压级差（L_1–L_2）来表征，L_1 和 L_2 分别为声源室和接收室内的声压级，以 dB 计，同时还需按受试间壁面积 S 和接收室吸声量 A_2 进行校正。为了避免其他旁路（侧向）传声的影响，此项测量须在特定构件隔声测定设施中进行。具体测试安排将在第四章讨论。

单层薄板间壁的隔声量 R 随频率而异，其变化规律大致按低频、中频和高频三段如图 2-1 所示来划分。低频段（图 2-1 中的 f_0 以下）的隔声量 R（dB）受薄板劲度控制，其中尤以受板材阻尼特性控制的板共振影响最为明显。它通常出现在 100Hz 以下很低频段，对日常使用影响不大。中频段的隔声量 R（dB）由板材质量控制，大致按 6dB/oct 递增。在较高频段，隔声量 R（dB）受板材吻合效应影响而有起伏，其变化规律是：间壁隔声量 R 在吻合谷频率 f_c 处降至最低，大致在 $\frac{1}{2}f_c$ 频率处开始受此影响成为隔声量 R 曲线下降转折点；高于 f_s 则又恢复到质量控制的隔声量，此处已是所要考虑的高频上限了。本章将对影响单层薄板间壁隔声量 R 的诸项因素分别进行讨论。

一、单层间壁隔声量的质量规律

房屋隔声研究始于 1911 年，德国学者 Berger 在他的学位论文中，提出单层间壁的隔声性能主要与它的质量相关，此说后来又为 Meyer（1931）所证实。这是在入射声波激发下，将每个墙体元素视作独立运动来考虑的，于是墙体质量成为决定其隔声性能的重要因素。另外，声波入射于墙体的角度，也会影响到其隔声性能，这就涉及隔声测试时间壁所在的声环境。实际应用中的间壁隔声问题，主要为墙体厚度接近或相当空气传声或固体传声中较短波长时，所能采用的有效隔声措施。此时，间壁的隔声量 R（dB）与其质量 m（kg/m^2）和频率 f（Hz）密切相关。其关系式如下：

$$R = 20\lg(mf) - 48 \quad (\text{dB}) \quad (2\text{-}1)$$

即墙体质量加倍的隔声量大致递增 6dB，又称之为质量规律，适用于中频范围。

随着研究的深入，发现实用中墙体所处

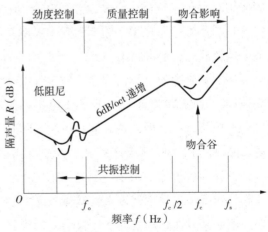

图 2-1　单层薄板隔声量 R（dB）随频率 f（Hz）变化情况

声场环境往往不属于理想的扩散状态，大致上仅限于 0°～80° 的入射范围，此时墙体隔声量 R 随频率 f 上升的递增量约为 5dB，它相较于正入射（0° 入射角）隔声量略大。可见墙体隔声量还与所处声场条件有关。

尽管实用中声场条件多变，但单层间壁隔声随质量递增（递增率会略有差异）这一客观规律不容忽视。当隔声量要求较高时，势必增大墙体质量才行，但实用中有时难以做到。要绕过这一矛盾，只能另辟蹊径，下章双层间壁隔声将对此给出答案。

二、吻合效应对墙体隔声量的影响

墙体隔声量在高频范围内常会出现明显下降的低谷（见图 2-1）。这是射向墙体的空气声波与墙体受迫引起的弯曲波合拍互动的结果。这种两相吻合的效应，迫使该频段墙体隔声量出现如图 2-1 所示明显下降的低谷。谷的深度和宽度直接影响到墙体隔声性能。如图 2-1 所示，墙体隔声曲线在高频段 f_c 出现吻合效应，即起源于空气声射向墙体的波前（在波的传播中，由最前面的具有相同相位的各个点所构成的连续表面称为波前）和由此激起墙体的弯曲波，两者处于吻合时墙体呈现大量声透射的现象。空气声和墙体表面波有效地耦合，声波便易于透射，于是呈现隔声量下降的低谷。出现这种效应的频率称之为临界频率 f_c，高于此频率时，总有一个入射角下的波前与墙体弯曲波相吻合。至于比临界频率低的频段，不论入射角如何，墙体弯曲波总是比入射波的波前短，吻合效应就不会出现。

弯曲波的波长与墙体质量和劲度有关。缩小质量和劲度两者之比，会使临界频率升高。如果墙体相当柔软易曲，临界频率将出现在很高频段，对墙体隔声量影响便可忽略不计。可能出现的最低临界频率 f_c 可由下式算得：

$$f_c = \frac{c^2}{2\pi}\sqrt{\frac{m}{B}} \quad (\text{Hz}) \qquad (2\text{-}2)$$

式中，c 为空气中声速（m/s），m 为墙体单位面积的质量（kg/m²），B 为墙板的弯曲劲度（N·m）。

三、无规入射下单层墙的隔声量

在理想条件下的隔声测试，要求声源室内受试墙体处在无规入射条件下，而实际情况则难以实现。所谓理想条件也只能限于正入射 0°～80° 的平均值，达不到全方位 90° 的范围。也正由于实验室声场条件可能出现差异，试件所处无规入射条件不同，测得的隔声量有数分贝差异不足为奇。因此，构件隔声实验应尽量保证声源室声场处于充分扩散状态。对接收室的声场要求同样如此。故隔声测试室不论声源室或接收室均不宜小于 100m³。

有人会问：实用中声场多变，使测得的隔声量会出现差异，乃至数分贝之多是不足为奇的现象，为何独选无规入射这一条件？答案是：正因为如此，必须确定一个用于互比的共识条件。选定的无规入射属于理想的扩散声场，于是得到公认的共识是建造实验室时将其作为理想测试声场的标准。

四、提高单层墙隔声量的措施

提高单层墙的隔声性能可有多方面措施，除了增加墙体厚度和质量之外，还可改变其材料性能，使出现吻合频率的范围有所改变，乃至产生上述多项因素综合的效果。

1. 墙体厚度影响

对同质材料而言，增加厚度是提升墙体隔声量最常见也最易联想到的、行之有效的措施。图 2-2 所示 6.3mm 玻璃隔声量在低频和高频都比 4mm 玻璃有数分贝提高。对隔声要求较高的墙体，依靠增大厚度来达到目的往往不切实际。随着隔声技术的进步，一些绕过墙体厚度而能提高隔声量的措施（主要是双层结构）受到关注并得到发展。

2. 墙体质量影响

从质量规律考虑，增加墙体质量一倍可提高隔声量 5 ～ 6dB，已为大家所熟知。图 2-3 示明一砖厚的墙（含双侧 12mm 抹灰层，总厚 264mm，500kg/m²）计权隔声量 R_w 比半砖厚的墙（含双侧 12mm 抹灰层，总厚 140mm，258kg/m²）增加 4dB。1/4 砖厚的立砖墙（含双侧 10mm 抹灰层，总厚 73mm，140kg/m²）计权隔声量 R_w 比半砖墙减少了 5dB。三者的各频率隔声量如图 2-3 所示，三种墙体的计权隔声量 R_w 分别为 53dB、49dB 和 44dB。

空心砌块的出现则通过材质变化改进了墙体隔声性能，见图 2-4。实际应用中常选

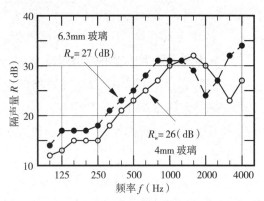

图 2-2　6.3mm 玻璃相较于 4mm 玻璃，隔声量 R（dB）随质量的增大而增大，同时它的吻合谷由 3150Hz 下移至 2000Hz。

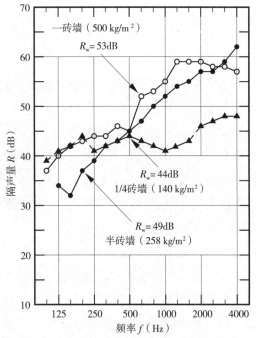

图 2-3　一砖厚、半砖厚和 1/4 砖厚三种单层砖墙（双面抹灰后，墙厚分别为 264mm，140mm 和 74mm）的各频率隔声量比较。它们的计权隔声量 R_w 分别为 53dB，49dB 和 44dB。

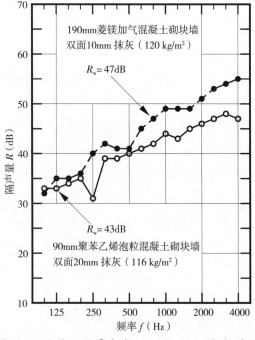

图 2-4　两种不同厚度（90mm 和 190mm）轻质混凝土砌块墙，因质量增加而使计权隔声量 R_w 递增了 4dB，即从 43dB 增至 47dB。

18

密度高的材料，或是加大厚度以提高墙体隔声量。这又与现代建筑技术减轻荷载的宗旨相违。因此，我们既要承认控制墙体隔声的质量规律，实用中又要考虑如何绕过以质量取胜的规律。

利用高密度材料或多层叠加来提高墙体隔声量是常见的办法之一。图 2-2 所示为增加玻璃质量使隔声量提高。但也带来相应的

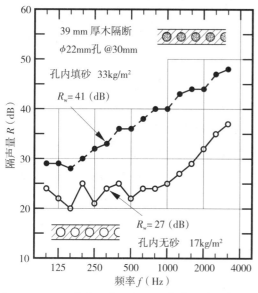

图 2-5　39mm 厚空心木隔断，孔内填砂前后各频段隔声量 R（dB）分别递增了 10dB 或更多之例。

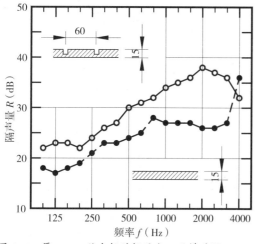

图 2-6　厚 15mm 胶合板的板面上，开槽（深 7mm，中距 60mm）前后隔声量提升的变化。

厚度增加问题，除非改用密度大的材料。例如空心板中灌砂后，不增加板厚而提升其隔声量，在不少频段超过 10dB 之多，计权隔声量 R_w 由 27dB 增至 41dB（见图 2-5）。

3. 改变材性的影响

除了上述两种常见提高墙体隔声性能的措施外，还可在不改变用材和厚度情况下，达到提升隔声量的效果。以下两例说明其巧妙所在。图 2-6 所示仅在 15mm 厚胶合板面开 7mm 深（中距 60mm）的细槽，改变了板片的弯曲劲度，使得 3000Hz 以下大部分频率的隔声量明显提高。又如图 2-7 所示，总厚度 6.5mm 的玻璃，因双层半厚玻璃胶合后，原先出现在 2000Hz 左右的隔声量低谷往更高频段上移，使 4000Hz 以下各频段隔声量维持上升势头。像这样以改变吻合效应频率来提升墙体隔声量是很巧妙的做法。

五、砖墙和砌块墙

在自上世纪五六十年代开始的大规模建设中，墙体材料需求大增，以黏土焙烧的砖块供不应求，于是各种砌块同时发展起来，

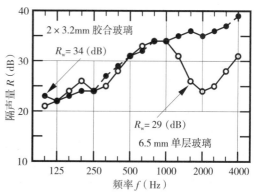

图 2-7　双层半厚（3.2mm）胶合玻璃与同厚 6.5mm 单层玻璃的隔声量比较，它们的计权隔声量分别为 34dB 和 29dB。

人们也关注到它们的隔声性能，送来实验室进行测定的样品日益增多。这里选一些常见材料隔声性能作一介绍。

1. 传统黏土砖墙

在我们隔声实验室建造之初（1958），即对三种厚度黏土砖墙（1/4 砖厚、半砖厚和一砖厚）进行了隔声测定。它们均双面抹灰（前者各 10mm 厚，后者各 12mm 厚）后，于是墙厚分别为 73mm、140mm 和 264mm，面密度分别为 140kg/m²、258kg/m² 和 500kg/m²，隔声量 R_w 分别为 44dB、49dB 和 53dB（见图 2-3）。人们曾习惯地把一砖厚加抹灰层的墙体隔声量作为住宅分户墙隔声要求的主要参考，也是早期制定隔声规范的重要依据。

随着建设规模扩大，砖墙需求激增。鉴于这种黏土砖墙的原材料不仅破坏农田，且需经过焙烧而消耗大量能源，在全国已禁止使用多年。对于不同建筑墙体隔声需求，亦根据使用情况提出了较为科学的指标。

2. 砌块墙

我国各地曾发展各种陶土或水泥砌块墙，大多就地取材和采用免焙烧工艺以提高生产效率，并要求提高其隔热性能。这类砌块墙隔声性能除与容重有关外，往往还因其内部孔隙率不同而异，亦因其开孔或闭孔而异。这些特征亦可由材料的流阻（材料在稳定气流下，压力梯度与气流线速度之比）来表征和控制。

（1）空心砌块墙

空心砌块墙可有不同厚度、洞孔和材质之分。就我们有限的空心砌块墙实验

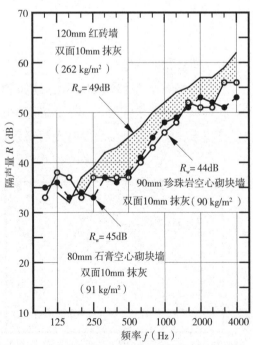

图 2-8　80mm 厚石膏空心混凝土砌块（91kg/m³）墙和 90mm 厚珍珠岩空心混凝土砌块（90kg/m³）墙的计权隔声量 R_w 分别为 45dB 和 44dB，与 120mm 红砖墙加抹灰层的计权隔声量 R_w=49dB 作比较。

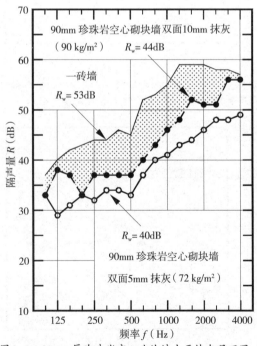

图 2-9　90mm 厚珍珠岩空心砌块墙由于抹灰层不同，双面 @5mm 和 @10mm，计权隔声量 R_w 分别为 40dB 和 44dB。

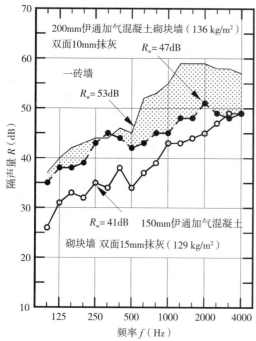
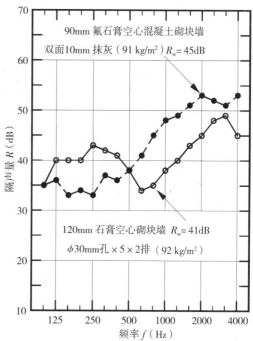

图 2-10　两种厚度（150mm 和 200mm）加气混凝土砌块墙的计权隔声量 R_w 分别为 41dB 和 47dB。两者砌块容重相近（面密度分别为 129kg/m² 和 136kg/m²）。

图 2-11　90mm 和 120mm 石膏空心砌块墙的计权隔声量 R_w 分别为 45dB 和 41dB。前者双面 10mm 抹灰，后者无抹灰层。

资料来看，80mm 厚石膏空心混凝土砌块（91kg/m²）墙和 90mm 厚珍珠岩空心混凝土砌块（90kg/m²）墙的计权隔声量 R_w 分别可达到 45dB 和 44dB，见图 2-8。而与半砖墙隔声量 R_w=49dB 相比，质量只有它的 1/3 左右，隔声量 R_w 下降了 4～5dB。另一实验结果说明：90mm 厚珍珠岩空心混凝土砌块墙由于抹灰层不同，隔声量有明显差异，R_w 分别为 40dB 和 44dB（见图 2-9）。

另一实验结果说明：不同厚度砌块墙和不同厚度抹灰层的组合，墙体隔声性能不同。比较见图 2-10。两种厚度（150mm 和 200mm）加气混凝土砌块墙（双面抹灰 @15mm 和 @10mm）的计权隔声量 R_w 分别为 41dB 和 47dB。

此外，抹灰层的作用不可低估。图 2-11 及图 2-12（a）与（b）的比较显示：有抹灰层的砌块墙比无抹灰层的砌块墙隔声量有所提高，这里除了墙体质量增加之外，也说明了砌块墙在没有抹灰时墙体细微缝隙漏声对隔声的影响不可忽视。

（2）加气型和泡沫型砌块墙

减轻墙体重量还可利用加气或泡沫剂制成的砌块。例如 150mm 和 200mm 两种厚度的伊通加气混凝土砌块墙（面密度分别为 75kg/m² 和 100kg/m²），190mm 厚度的菱镁加气混凝土砌块墙（面密度为 84kg/m²），90mm 厚聚苯乙烯泡粒混凝土砌块墙（面密度为 44kg/m²）。它们加上不同厚度抹灰面层（图中分别注明）后的隔声量见图 2-13（a）和（b）。200mm 厚的伊通加气混凝土砌块墙（100kg/m²）双面 10mm 抹灰前后的计权隔声量分别为 44dB 和 47dB，见图 2-14。

图 2-15 所示为 120mm 厚加气混凝土砌块墙。一组实验是只在墙体单侧有 15mm 抹灰层（27kg/m²），其计权隔声量 R_w 为

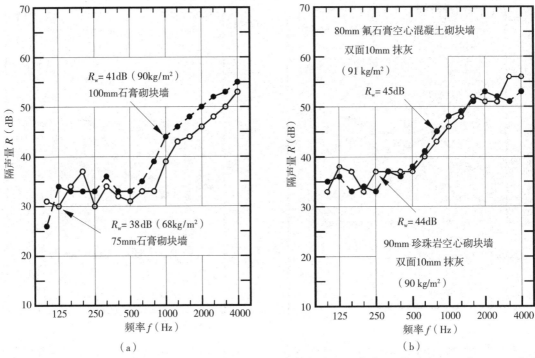

图 2-12 （a）75mm 和 100mm 石膏砌块墙（双面无抹灰）的计权隔声量 R_w 分别为 38dB 和 41dB；（b）80mm 和 90mm 空心砌块墙（双面 @10mm 抹灰层）的计权隔声量 R_w 分别为 44dB 和 45dB。

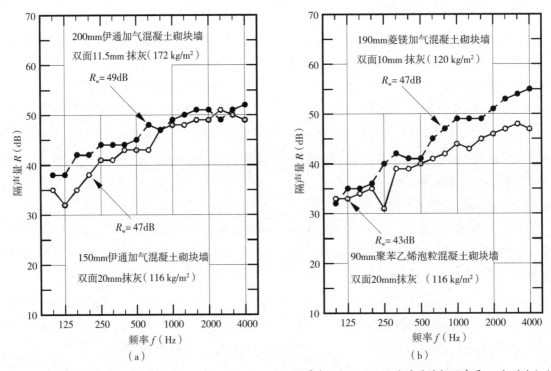

图 2-13 （a）150mm 和 200mm（b）90mm 和 190mm 四种不同厚度加气混凝土砌块墙的计权隔声量 R_w 分别为（a）47dB 和 49dB（b）43dB 和 47dB。

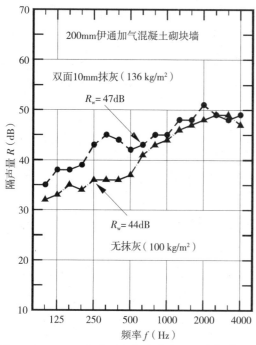

图 2-14　200mm 加气混凝土砌块墙双面抹灰前后的计权隔声量 R_w 分别为 44dB 和 47dB。

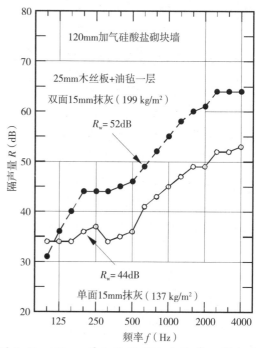

图 2-15　120mm 厚加气混凝土砌块墙一侧加贴 25mm 水泥木丝板及一层油毡后，计权隔声量 R_w 由 44dB 增至 52dB。

44dB。另一组墙体一侧有 15mm 抹灰层，另一侧为油毡一层和木丝板（35kg/m²）和 15mm 抹灰（27kg/m²），其计权隔声量 R_w 提升到 52dB，增量达 8dB 之多，而墙体重量所增不过三分之一左右。这一措施可满足分户墙的隔声要求。

图 2-16 显示了相同厚度、不同密度的加气混凝土砌块墙，具有不同厚度抹灰层时，三种不同组合体的隔声量。面密度为 75kg/m² 的 150mm 厚加气混凝土砌块墙，当墙面无抹灰层时，计权隔声量 R_w 仅 41dB（灰缝不太密实），同样的墙体增加双面 20mm 抹灰后计权隔声量 R_w=47dB，增加了 6dB。当砌块墙的面密度为 209kg/m²，双面抹灰层加厚为 30mm 时，计权隔声量 R_w 又增加 5dB 为 52dB，也达到了满足分户墙隔声要

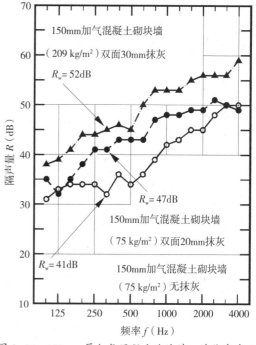

图 2-16　150mm 厚加气混凝土砌块墙，墙体密度不同和抹灰厚度不同时隔声量的变化

求的标准。

在建筑业界常有一些误解，认为保温隔热效果良好的多孔型墙体材料，必然会产生良好的隔声效果，或是把必然会产生空心材料的保温隔热效果与隔声效果混淆起来。对单层均质墙体而言，其隔声性能主要服从墙体质量规律，企图利用轻质或空心颗粒来达到隔声目的是不符合科学规律的。如要寻求绕过质量决定隔声量的技术措施，只能另辟蹊径，也是本书第三章所要讨论的内容。

六、预制圆孔条板墙

为使墙体施工装配化，人们发展出了预制板式墙体。这些墙板都被设计成非承重的空心型，以减轻自重。以双面 @15mm 抹灰的墙板为例（见图 2-17），120mm 厚双排 9 孔 ϕ38mm 的 GRC 条板比 90mm 厚单排 9 孔 ϕ38mm 的 GRC 条板的 R_w 略高 2dB。又以

厚度同为 120mm 的三种 GRC 条板墙为例，单排孔 ϕ38mm×9（面密度 76kg/m^2），双面 @25mm 抹灰，R_w=52dB。隔声量明显高于其他两组双排孔条板（双面抹灰 10mm 和 15mm），见图 2-18。

图 2-19 说明当条板墙厚度从 60mm 增加到 150mm，面密度从 127kg/m^2 增加到 162kg/m^2，双面 20mm 抹灰时，计权隔声量从 43dB 提升到 50dB，增加了 7dB 之多。

图 2-20 是不同厚度双面抹灰 GRC 多孔条板墙隔声量的比较，单排孔条板墙（板厚 60mm，双面各 15mm 抹灰层；板厚 90mm，双面各 15mm 抹灰层）和双排孔条板墙（板厚 120mm，双面各 25mm 抹灰层）面密度分别为 88kg/m^2、99kg/m^2 和 156kg/m^{2}时，计权隔声量 R_w 分别为 39dB、47dB 和 49dB。120mm 双排孔条板墙加抹灰的隔声量相较于 60mm 单排孔条板墙加抹灰，计权

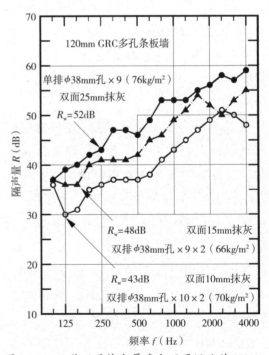

图 2-17　两种不同厚度（90mm 和 120mm）GRC 空心条板、双面 @15mm 抹灰层的隔声量比较，计权隔声量 R_w 分别为 46dB 和 48dB。

图 2-18　三种不同抹灰厚度和不同洞孔的 120mm GRC 空心条板（分别见图示）隔声量比较。计权隔声量 R_w 分别为 43dB、48dB 和 52dB。

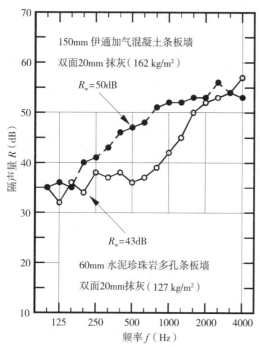

图 2-19 60mm 水泥珍珠岩多孔条板墙和 150mm 伊通加气混凝土条板墙的计权隔声量 R_w 分别为 43dB 和 50dB。

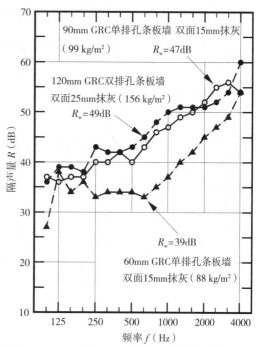

图 2-20 60mm 和 90mm 厚 GRC 单排孔条板墙，120mm 厚 GRC 双排孔条板墙，双面抹灰（15mm 或 25mm 厚）的隔声量，R_w 分别为 39dB，47dB 和 49dB。

隔声量 R_w 增加了 10dB 之多。

图 2-21 是双层 50mm 厚石膏珍珠岩多孔条板（42kg/m²）中间夹 50mm 厚玻璃棉，双面无抹灰和双面抹灰 20mm 前后的隔声量比较，计权隔声量 R_w 分别为 48dB 和 50dB。

图 2-22 显示，100mm、110mm 和 120mm 三种厚度钢丝网架水泥砂浆聚苯乙烯夹芯板（俗称泰柏板）的不同面密度分别为 95kg/m²、113kg/m² 和 131kg/m²，其隔声量有明显区别，其计权隔声量 R_w 分别为 43dB、45dB 和 47dB。

七、胶结双片薄板墙

多年前，有人提出过一种由点状胶结双片薄板组成的单墙，以提高吻合效应区的隔声性能。这样处理不致因板材增厚使临界频

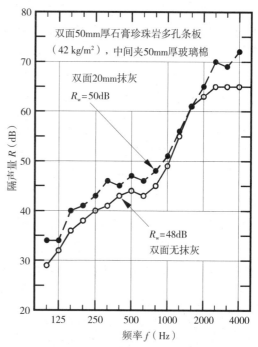

图 2-21 双层 50mm 厚石膏珍珠岩多孔条板（42kg/m²）中间夹 50mm 厚玻璃棉，双面抹灰 20mm 前后的隔声量比较。计权隔声量 R_w 分别为 48dB 和 50dB。

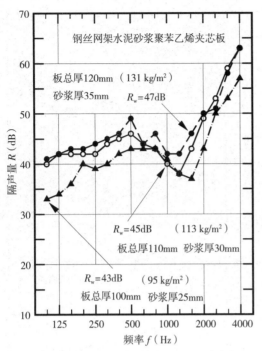

图 2-22 100mm、110mm 和 120mm 三种厚度钢丝网架水泥砂浆聚苯乙烯夹芯板的隔声量比较。计权隔声量 R_w 分别为 43dB、45dB 和 47dB。

率向低频方向下移，造成该频率段隔声量下降，反而可使吻合区的隔声量有所提高，对提高墙体隔声性能有利。在低频段，因两板片起到加强刚性固定作用，其弯曲劲度达到任一单片板（假设两片板是相同的）数倍之多。在高频时，黏结层的剪切效应则降至等同于单片板材（同样假设两片板相同）。在更高频率时，黏结层的剪切效应降至组合体单片的弯曲劲度。结果组合体的临界频率在不影响低频劲度的情况下，有加倍效应。这种特制双层板的特性在很大程度上由黏结层特性及其厚度所决定。

任何单片板材要具备最佳隔声性能，则要求它密度高而又劲度低，是常用建材不能兼具的条件。实用中的房屋构件要有高的劲度才能承受侧向负载，于是理想的板材对刚度的要求是：在低频要大，在高频则降至最

低要求值。这种特性可由胶结板材来实现。用点状胶结的双片薄板组成单墙，可提高吻合效应区的隔声性能。这样处理后，不会因板材增厚使临界频率下移，造成该频段隔声量下降，于是可使吻合区的隔声量提高。虽说这样处理对提高隔声性能有利，但实际制作经验尚不多，有待实践总结。

八、小 结

作为住宅中户内非承重间壁，隔声性能要求不是太高，但为了保证户内居室之间一定的私密性，例如休息、睡眠、阅读等。按《民用建筑隔声设计规范》（GB 50118—2010）第 4.2.6 条的要求，户内卧室墙隔声量不低于 35dB，户内其他分室墙不低于 30dB。符合这样要求的可选墙体很多。此外，还要考虑装配化施工方便、拼缝操作等措施，例如要满足实际生活中墙上挂件（如照片、图片或装饰品）等使用中一些强度要求。

按住宅中分户墙的空气声隔声要求不低于 45～50dB 考虑，非承重的单层薄壁型可选材料不多。通常可用下章介绍的双层轻质薄壁来解决。

至于其他类型建筑间壁隔声，由于种类繁多，得按具体工程项目中的隔声要求，参照所列隔声量资料来选用。这里有两个方面值得注意。一是使用中功能的可变性。例如医院大楼病房区与医务诊疗区相互改变使用功能的可能性。二是间壁隔声要与平面布局相配合，例如相邻教室的门、窗都是贴邻布置，此时间壁隔声无须太高，因两室之间隔声实效受到所设置门窗隔声条件的限制。

本章一些轻质墙体的隔声概况，选列于表 2-1。

表 2-1　本章所列单层墙体隔声量一览

编号	墙体说明	双面抹灰单面厚（mm）	墙体厚度（mm）	面密度（kg/m²）	计权隔声量 R_w（dB）
1	一砖厚黏土砖	12	264	500	53
2	半砖厚黏土砖	12	140	258	49
3	1/4（立）砖厚黏土砖，@ 600mm[1] 中木墙筋加强	10	73	140	44
4	90mm 厚氟石膏混凝土空心砌块	10	110	91	45
5	90mm 厚珍珠岩混凝土空心砌块	10	110	90	44
6	200mm 厚伊通加气混凝土砌块	10	220	136	47
7	150mm 厚伊通加气混凝土砌块	15	180	129	41
8	120mm 厚石膏混凝土空心砌块，双排φ30mm 孔 ×5	无	120	92	41
9	200mm 伊通加气混凝土砌块	10	220	136	47
10	190mm 菱镁加气混凝土砌块	10	210	120	47
11	90mm 聚苯乙烯泡沫混凝土砌块	20	130	116	43
12	120mm 预制 GRC 双排多孔条板	15	150	120	48
13	60mm 水泥珍珠岩多孔条板	20	100	127	43
14	150mm 伊通加气混凝土条板	20	190	162	50
15	90mm GRC 单排多孔条板	15	120	99	46
16	120mm GRC 预制双排孔条板	25	170	76	52
17	60mm 单排孔条板	15	90	88	39
18	90mm 单排孔条板	15	120	99	47
19	120mm 双排孔条板	25	170	156	49
20	100mm 钢丝网架水泥砂浆聚苯乙烯夹芯板	25	100	95	43
21	110mm 钢丝网架水泥砂浆聚苯乙烯夹芯板	30	110	113	45
22	120mm 钢丝网架水泥砂浆聚苯乙烯夹芯板	35	120	131	47

1　@表示中－中间距。

第三章　双层间壁的隔声

一、概　述

由龙骨和薄板组成的各种双层间壁是建筑工程中最常用的非承重型轻质墙体，除了注意它们的结构性安全外，间壁的隔声效果亦是房屋设计者和使用者所关心的问题。

双层间壁由于中间有了空腔相隔，它的隔声量将超出相同重量单片墙许多分贝，也就是说要达到同样单层墙隔声量的双层间壁，其重量会减轻许多，因而既经济且有效。也是当今最常用的间壁构造方式。这项隔声增量是双层间壁之间，因力学上的脱开和声学上去耦作用（空气声传递途径上的减弱）所致。它取决于双片间壁之间的空腔宽度和声波波长。这个空腔的作用犹如力学系统中联系两物体的"弹簧"。它与传声过程中双层间壁之间空气层的劲度有关，即与两片间壁的质量和空腔宽度相关。在双片间壁之间空腔内填入吸声材料后，显然改变了空气层的劲度，使"质量－空气－质量"共振频率f_0下降，乃至有1倍频程之多。

为了提高双片间壁组成墙体的隔声量，在处理片间力学、声学方面的耦合效应时，应使之尽量减弱乃至充分脱开。前者可将两片墙板分装在交错布置的双排龙骨上，或者装在有弹性垫衬的共享龙骨上，以减少或中断力学传递。声学上的阻断一般可由加大双层之间空腔宽度、在腔内填充吸声材料乃至在龙骨翼面上加弹性垫料或改为分离的双排龙骨等措施来实现，以使传声减弱。这些技术性措施的实效如何将在本章介绍和讨论。

单层墙隔声量随频率变化会在两个频段上出现转折：在板片低频共振频率f_0处和较

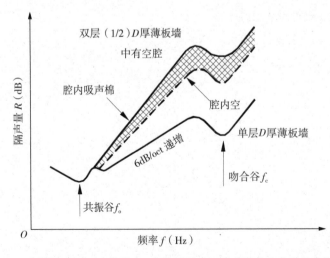

图3-1　双层$1/2\,D$厚墙体的隔声量R（dB）将比同重D厚单层墙体高出很多分贝的示意图。

高频段吻合谷 f_c 处出现，这些在第二章已有讨论。至于双片间壁组合墙则出现了另外形式的特征，大致有三个方面的考虑。因引入三个频率段的转折（见图3-1）。在低频 f_0 以上，它的隔声量 R 还将随腔内吸声加大而增高，并且超越每6dB/oct上升的质量规律，于是在高频段会出现相当高的隔声量。不过在高频段同样会出现吻合低谷，谷深和所在频段亦会略有变化，如图3-1所示。

下面引述一些隔声测量结果分析，有助于加深理解上述论断。第二章图2-2所示为两个不同厚度（4mm和6.3mm）玻璃随频率变化的隔声量曲线，由它们的质量和吻合频率谷不同所决定。当玻璃变厚时，中低频隔声量均有所提升，而吻合低谷则向低频端迁移。图2-7所示为双层3.2mm胶合玻璃组合的隔声量/频率曲线，它改变了6.5mm单层玻璃在2000Hz附近出现的吻合低谷，使该频段隔声量明显提高。两者的计权隔声量

R_w 分别为34dB和29dB，增量达5dB之多。

如改变两片玻璃之间的间距，也会影响它的隔声量。图3-2所示之例说明双层4mm玻璃之间空腔间距由12mm加大至85mm，各频率段的隔声量可有明显提升，在250Hz以上可有 $5 \sim 10$dB之多。计权隔声量 R_w 增

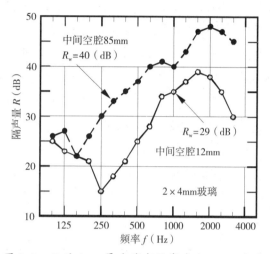

图3-2　双层4mm厚玻璃空腔宽度由12mm升至85mm，其隔声量 R 出现了大于5dB的明显提升，计权隔声量 R_w 增大了11dB之多。

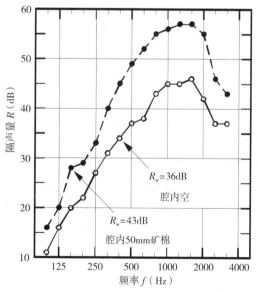

图3-3　相同空腔宽度（100mm），三种不同厚度玻璃组合的隔声量比较：双层6.5mm与双层4mm的计权隔声量 R_w 分别为44dB和40dB，6.5mm与4mm组合的计权隔声量 R_w 为43dB。

图3-4　（1+1）两层13mm石膏板及轻钢龙骨@600mm中距的间壁，空腔内填放50mm矿棉吸声材料前后对隔声量 R（dB）的影响。计权隔声量 R_w 从36dB增至43dB。

量达 11dB。超过墙体质量加倍递增 5～6dB 的效果很多。至于空腔宽度相同（以 100mm 为例）时，两种厚度玻璃在三种不同组合时的隔声量见图 3-3，相差则不太大。

图 3-4 表示双层间壁空腔内填放 50mm 厚矿棉吸声材料对隔声量 R（dB）的影响，可有 7dB 之效果。随着间壁构造变化，腔内填棉的隔声效果会有不同。图 3-5 所示则为空心木隔断（39mm 厚）孔内填砂前后的隔声量变化。由于隔断材质变化和重量提升了一倍的双重影响，在隔断厚度未变条件下各频段的隔声量提升了 10dB 左右乃至更大，使计权隔声量 R_w 增加了 14dB 之多。

为了提高薄壁墙体的隔声性能，在墙体一侧（或双侧）筑有附加层也是一种有效措施（见图 3-6）。

早在上世纪 80 年代前后，随着基建需求大大增加，大量轻质板材在国内建材市场涌现，用户也关心它们的隔声性能，从当年

我们接受的双层轻板间壁试件数量可见一斑。这里选择了 11 个品种，腔内填充岩棉或玻璃棉等不同条件下的双层轻板间壁隔声量如表 3-1 所示。它们都是由 10kg/m² 左右轻质板材组成，加上龙骨配件等的墙体重量大致都在 50kg/m² 以下，间壁厚度在 10cm 左右。腔内填有吸声棉后的计权隔声量 R_w 大半可达 45dB 或以上，也有达到 50dB 或更多。

这些双层轻质间壁由于受到原材料供应、规模化生产等的限制，逐渐被后来发展起来的轻钢龙骨石膏板墙所代替。

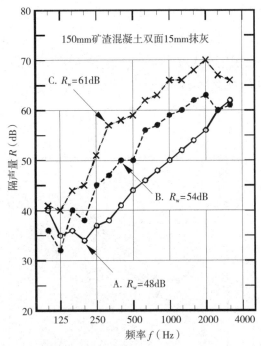

图 3-6 矿渣混凝土砌块墙一侧加装木龙骨或轻钢龙骨及石膏板后，对隔声量的提升：
A 150mm 矿渣混凝土砌块墙，双面 @10mm 抹灰，计权隔声量 R_w=48dB；
B 同 A 砌块墙，单侧另加 50mm 厚木龙骨及一层 13mm 石膏板，腔内填 50mm 厚矿棉，计权隔声量 R_w=54dB；
C 同 A 砌块墙，单侧另加 75mm 轻钢龙骨及一层 13mm 石膏板，腔内填 75mm 厚矿棉，计权隔声量 R_w=61dB。此时轻钢龙骨墙筋仅固定在顶档和底档上。

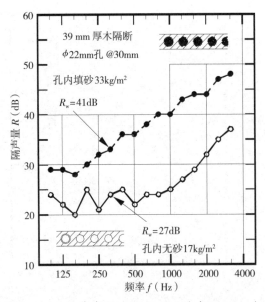

图 3-5 一个带有 ϕ22mm 柱形孔（中距 30mm）的 39mm 厚木隔断，孔内灌注黄砂前（17kg/m²）后（33kg/m²）的隔声量比较。计权隔声量 R_w 由 27dB 增至 41dB 之例。

表 3-1 早期轻钢龙骨轻板隔墙的隔声资料

板材	面密度（kg/m²）	轻钢龙骨构造（mm）	腔内填料				墙厚（mm）	计权隔声量 Rw（dB）
			岩棉		玻璃棉			
			厚度（mm）	容重（kg/m³）	厚度（mm）	容重（kg/m³）		
5mm GRC 板	8.5	C75×50 @600	无		—		85	39
			50	100				44
8mm 硅酸钙板	8	C75×50 @600	无		—		91	43
			50	100				51
12mm 邦达板	13.8	C75×50 @600	—		无		99	48
					75	32		57
12mm 邦达板 / 12mm 纸面石膏板	13.8/ 9	C75×50 @600	—		无		123	55
					75	32		59
10mm 水泥加压板 （NALC 板）	10	C75×50 @600	—		无		95	45
					75	32		50
10mm 倍得防火板	10	C75×50 @600	—		无		95	40
					75	16		47
18mm 倍得防火板	14.4	C100×50 @600	—		无		115	45
					75	16		49
6mm 纤维增强水泥 TK 板	10.5	C75×50 @600	无		—		87	43
			50	100				49
5mm 无机玻璃钢板	不详	C59×50 @600	无		—		63	41
			50	100				49
10mm 水泥刨花板	12	C70×50 @600	无		—		90	43
			50	100				50
4mm 低碱水泥板	7.2	C70×50 @600	无		—		78	38
			50	100				42

二、空腔传声

由两片平行布置、中间有空腔相隔的板材所组成的双层间壁，其传声途径将出现如图 3-7 所示空腔和龙骨两个部分。由于腔内空气层（包括有或无吸声棉）弹性作用，部分声波将由此途径从质量 m_1 的墙板传至质量 m_2 的墙板。通常墙体总是处于接近漫入射（或称无规入射）条件。在忽略板材装置边缘条件的情况下，正入射于板材的平面波不会引起板材作弯曲波运动，只能使板材各部分随入射波作同步移位。此时，两块墙板（其质量分别为 m_1 和 m_2）与腔内空气层组成"质量－空气－质量"共振系统，影响着墙体的隔声性能。在波长大于腔深（两板片的间距）时，其共振频率 f_0 为：

$$f_0 = \frac{1}{2\pi}\sqrt{\frac{2\rho c^2}{m'd}} \quad (\text{Hz}) \qquad (3\text{-}1)$$

式中，$m' = \dfrac{2m_1 m_2}{m_1 + m_2}$；

d——两片墙板的间距；

ρ——空气密度；

c——空气中声速。

于是形成腔体内由"质量－空气－质量"组成的共振系统，产生与单层墙不同的声透射特征。双层墙在共振频率以上有加倍隔声量的效果，即每倍频程的增量有 $5\sim6$dB 之多。

此外在较高频率段，当它的波长比腔体宽度小得多时，上述共振效应渐为减弱，共振效应的拐点出现在相应于 $\lambda/6$ 的频率附近。在腔内设置吸声材料，对间壁衰减效果有所加强。

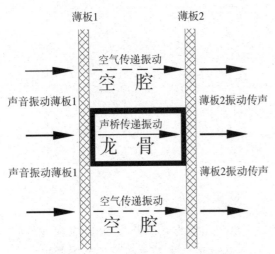

图 3-7　声波透过双层间壁时，出现两种传声途径——通过空腔和龙骨等固体构件的示意图。

板材对间壁隔声特性的影响，除了板材容重之外，它的材质和厚度也很重要，尤其对高频段会出现突然下降的吻合低谷。薄板的吻合频率 f_c 对隔声影响很大，它由板片特性决定，即

$$f_c = \frac{c_0^2\sqrt{3}}{\pi h c_{\text{L}}} \qquad (3\text{-}2)$$

式中，c_0 为空气中声速（m/s），h 为板片厚度（m），c_{L} 为板片内纵波的波速（m/s）（对石膏板为 $1500\sim1800$m/s）。从上式可见，吻合频率与板的材质及厚度有关，加大板厚可使吻合谷向低频推移（移向中频敏感区），对间壁隔声并不有利。薄而坚实的板则使吻合谷移向更高频率，而双层分离薄板的隔声效果会超越同等质量的单墙。其随频率的变化是复杂的，可因龙骨、空腔、板材以及构造上的不同而异。

图 3-8 表明 10mm 和 18mm 厚度防火板在双层间壁上作不同组合时，对板的吻合效应有影响。由双层 10mm 倍得防火板组成的间壁，其吻合效应的隔声低谷发生在 3150Hz，且谷底很深。由双层 18mm 防火板组成的间壁，其吻合效应的隔声低谷发生在 1600Hz，吻合频率明显向低频方向下移，谷底同样很深。由 10mm 和 18mm 两种防火板组成的间壁，其吻合效应的隔声低谷出现两次，分别在 1600Hz 和 3150Hz。但此两个隔声低谷比前两例明显浅得多。可见对双层间壁而言，采用不同厚度的墙板组合对减小吻合效应的影响是有利的。

从实验结果可知，双层墙吻合谷的深度和宽度与薄板材质、厚度、层数和它们的组合有关，与龙骨性能无关。

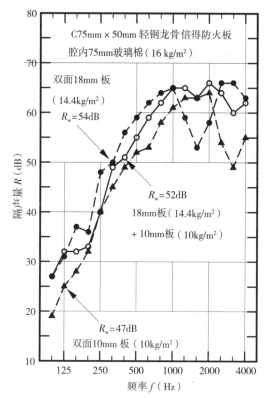

图 3-8 两种厚度（10mm 和 18mm）倍得防火板的不同组合，以减少吻合效应的影响。双面各 10mm 板和各 18mm 板间壁的计权隔声量 R_w 分别为 47dB 和 54dB，10mm 板和 18mm 板组合间壁的计权隔声量 R_w 为 52dB。

三、声桥传声

在两块薄板之间设置龙骨是出于间壁支承结构的需要，龙骨本身也是固体传声之桥，成为与腔内空气传声相并行的另一重要传声途径。从传声机理上了解声桥对间壁隔声量影响有多大，又在传声途径上掌握阻断或降低间壁声桥传声的一些有效措施，以保证墙体具有足够的隔声量，是提高间壁隔声性能的重要措施之一。对木和钢两类龙骨而言，其传声机理和处理方法略有不同，隔声效果也会有较大差异。

图 3-9 列举的一组加拿大实验资料，显示双层 13mm 石膏板墙在四种构造下隔声量的变化和比较。曲线 1 为腔内空，无吸声材料也无传声声桥。曲线 2 为腔内有 50mm 厚矿棉，

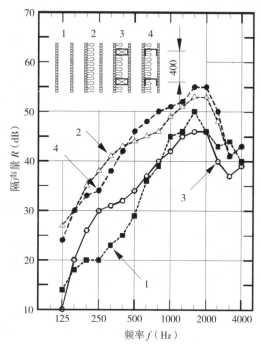

图 3-9　空腔宽 100mm 的（1+1）双层 13mm 石膏板间壁，四种不同构造的隔声量 R（dB）比较。
间壁 1　腔内空，无吸声和声桥
间壁 2　腔内 50mm 厚矿棉，无声桥
间壁 3　腔内木龙骨（400mm 中距）刚性声桥，有 50mm 厚矿棉吸声
间壁 4　腔内轻钢龙骨（400mm 中距）弹性声桥，有 50mm 厚矿棉吸声

但无声桥。曲线 3 为腔内有木龙骨（中心间距 400mm）刚性连接，内有 50mm 厚矿棉吸声体。曲线 4 为轻钢龙骨（中心间距 400mm）弹性连接，内有 50mm 厚矿棉吸声体。可见两类龙骨在固体传声方面带来明显差异，这也是本节将展开讨论的内容。在此，曲线 1 和 2 仅作为无声桥之两例列为比较而已。

1. 木龙骨对间壁隔声的影响

木龙骨为实心断面，刚度大，具有刚性声桥的传声效果。考虑到墙体构造上的需要，木龙骨断面常用尺寸为 90（100）mm × 50mm。墙体不高时木龙骨也可采用 75mm × 50mm 乃至 50mm × 50mm。间壁隔声亦因面板而异。在早年国内板材和

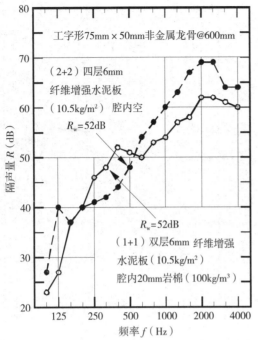

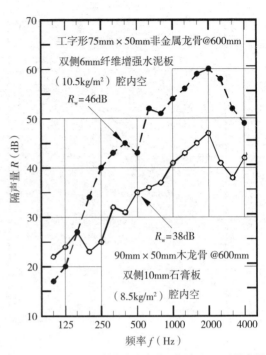

（a）75mm×50mm 工字形水泥龙骨及（1+1）两层（腔内20mm岩棉）与（2+2）四层6mm厚水泥板（腔内无棉）的比较。R_w 均达 52dB。

（b）75mm×50mm 工字形水泥龙骨两侧各 6mm 两层水泥板（10.5kg/m²）与 90mm×50m 木龙骨双侧各 10mm 石膏板（8.5kg/m²）（腔内均空）的比较。R_w 分别为 46dB 和 38dB。

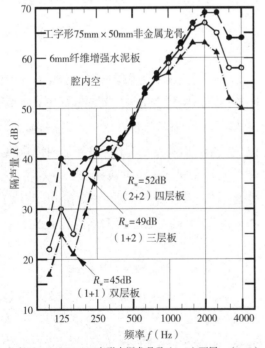

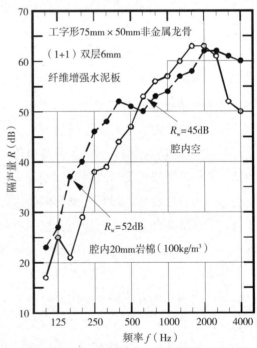

（c）75mm×50mm 工字形水泥龙骨及（1+1）两层、（1+2）三层及（2+2）四层 6mm 厚水泥板的比较。计权隔声量 R_w 分别为 45dB，49dB 和 52dB。

（d）75mm×50mm 工字形水泥龙骨及（1+1）6mm 两层水泥板，腔内空与腔内 20mm 岩棉时隔声量的比较。计权隔声量 R_w 分别为 45dB 和 52dB。

图 3-10　早期工字形非金属类龙骨和各类板材组合间壁的隔声量数例

34

龙骨生产初创阶段，曾有一些非木龙骨间壁产品，如工字形非金属类龙骨和各类水泥板材的组合。当年测试资料如图 3-10（a～d）所示，可知其隔声性能梗概。一种非金属工字形 75mm×50mm 水泥龙骨 @600mm 中距，两侧双层（2+2）6mm 纤维增强水泥板（单层 10.5kg/m²），腔内空的计权隔声量 R_w 可达 52dB[见图 3-10（a）]。如两侧各一层（1+1）6mm 纤维增强水泥板，腔内置有 20mm 厚岩棉（100kg/m³），同样也可有高达 52dB 的隔声效果。腔内空、（1+1）双层 6mm 纤维增强水泥板的计权隔声量 R_w 降为 46dB[见图 3-10（b）]。75mm×50mm 水泥龙骨 @600mm 中距，腔内空的不同层数 6mm 纤维增强水泥板的计权隔声量 R_w 为：（1+1）双层板 45dB，（1+2）三层板 49dB，（2+2）

四层板 52dB。又如双侧为（1+1）两层 6mm 纤维增强水泥板，腔内空的计权隔声量 R_w 为 45dB，腔内填 20mm 厚岩棉（100kg/m³）的计权隔声量 R_w 为 52dB，增量可达 7dB 之多。由于资料积累不多，尚难以得到规律性结果。

上世纪 70 年代末大规模建设尚在初创时期，建材紧缺，各地开始以就地条件发展墙体材料。当年接受隔声测试的石膏板规格也和如今的国标产品（12mm 厚、10kg/m²）不同，还有一些现在已很少使用的蔗渣硬质板、水泥刨花板、低碱水泥板等。图 3-11 是由其中一些板材组成的三组 90mm×50mm 木龙骨双层间壁数例的隔声性能。图 3-12 所示为不同层数 10mm 水泥刨花板（12kg/m²）的隔声量比较。木龙骨尺

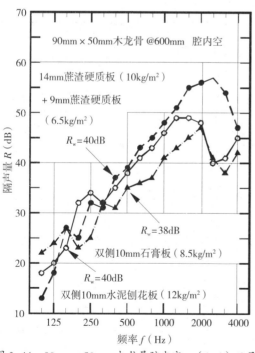

图 3-11　90mm×50mm 木龙骨腔内空：（1+1）双层 10mm 水泥刨花板（12kg/m²）计权隔声量 R_w=40dB，（1+1）两层 10mm 石膏板（8.5kg/m²）计权隔声量 R_w=38dB。两侧各一片 14mm 和 9mm 蔗渣硬质板（分别为 10kg/m² 和 6.5kg/m²）计权隔声量 R_w=40dB。

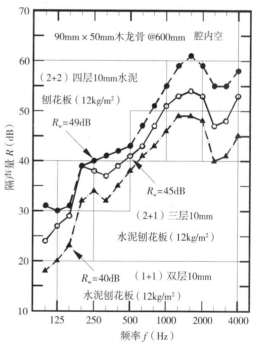

图 3-12　90mm×50mm 木龙骨 @600mm 中，外覆（1+1）两层、（1+2）三层和（2+2）四层水泥板（每层 12kg/m²）的比较。它们的计权隔声量 R_w 分别为 40dB、45dB 和 49dB。

寸和腔内空如上例。（1+1）两层板、（1+2）三层板和（2+2）四层板三个间壁的计权隔声量 R_w 分别为40dB、45dB 和49dB。此例中，两侧板材每增加一层可使间壁计权隔声量 R_w 提升 4~5dB。

在同一时期除上面提到的一些板材外，还有一种软质纤维板（13mm 厚），它一般不作为面板使用，是为提高墙体隔声性能而增加的弹性垫料，既有在板材与木龙骨之间以整板作内衬的，也有以条状附加在龙骨上以改善双层间壁的隔声效果。如图3-13所示：90mm×50mm 木龙骨及（1+1）两层水泥刨花板，计权隔声量 R_w=40dB。如在龙骨一侧与面板之间加衬一层 13mm 软质纤维板，隔声量会有很大提高，达到48dB，几乎与（2+2）四层水泥刨花板间壁的49dB 相当。如果该 13mm 软质纤维板置于一侧水

泥刨花板外面，隔声效果大减，计权隔声量 R_w 仅为43dB。可见同样一层软质纤维板由于位置不同，所起隔声效果相差 5dB 之多。如图 3-14 所示：90mm×50mm 木龙骨腔内空的间壁，在（1+1）两层水泥纤维板之一侧龙骨上，设置 13mm 厚软质纤维垫条后计权隔声量 R_w 由40dB 增至45dB。如在龙骨两侧各加 13mm 厚软质纤维垫条，效果更显，计权隔声量 R_w=47dB。此结果与腔内填 50mm 沥青玻璃棉时的效果（计权隔声量 R_w=48dB）接近，见图3-15。图3-16 又显示，如把软质纤维板夹在两层水泥刨花板之间，同样是（1+2）三层水泥刨花板构造的间壁，计权隔声量 R_w 从 45dB 提高到48dB，增量为 3dB。

双层间壁隔声研究最初是从木龙骨开始的，木龙骨为实心断面，刚度大，具有刚性声

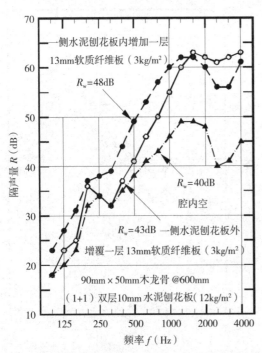

图3-13 90mm×50mm 木龙骨，（1+1）两层水泥刨花板计权隔声量 R_w=40dB，外一侧贴一层 13mm 软质纤维板，计权隔声量 R_w=43dB。如中间加一层 13mm 软质纤维板，计权隔声量 R_w=48dB。

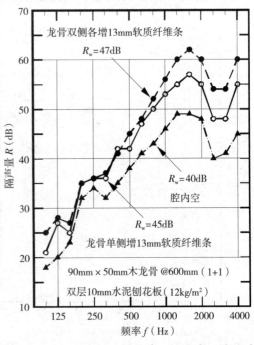

图3-14 90mm×50mm 木龙骨，腔内空，（1+1）两层 10mm 水泥刨花板（12kg/m²）计权隔声量 R_w=40dB。单侧加 13mm 厚软质纤维垫条后计权隔声量 R_w=45dB，双侧加 13mm 厚软质纤维垫条后计权隔声量 R_w=47dB。

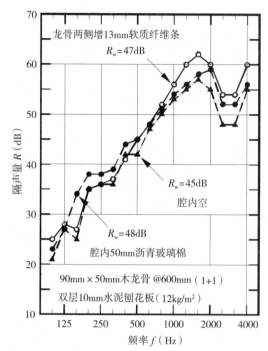

图 3-15 90mm×50mm 木龙骨 @600mm 中，腔内空，龙骨单侧增 13mm 软质纤维条，计权隔声量 R_w=47dB，与腔内仅填 50mm 沥青玻璃棉时计权隔声量 R_w=48dB 的比较。

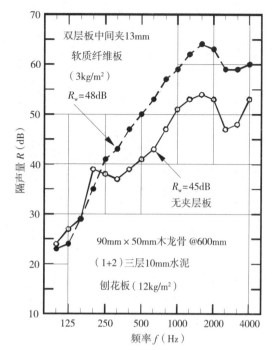

图 3-16 90mm×50mm 木龙骨 @600mm 中，腔内空，（2+1）三层 @10mm 水泥刨花板（12kg/m²），计权隔声量 R_w=45dB。上述构造间壁的两层水泥刨花板中间夹了一层 13mm 软质纤维板，计权隔声量 R_w=48dB。

桥的传声效果。构造上往往把板与龙骨作线状贴连，也增强了墙体刚度，并以面板和龙骨作线状连接为前提。木龙骨双层间壁隔声量的估算是以片间无连接构件时（即理想双层墙）隔声量 R 估算式为基础，考虑龙骨作刚性连接，得到的隔声量按下列三个频段来考虑：

$$R = \begin{cases} R_M = 20\lg(Mf) - 48 & (f < f_0) \\ R_{m_1} + R_{m_2} + 20\lg(fd) - 29 & (f_0 < f < f_B) \quad \text{(dB)} \\ R_M + \Delta R_M & (f > f_B) \end{cases} \quad (3-3)$$

式中：$R_{m_1} = 20\lg(m_1 f) - 48$

$\qquad R_{m_2} = 20\lg(m_2 f) - 48$

对线状声桥：$\Delta R_M = 10\lg(bf_c) + 20\lg[m_1/(m_1+m_2)] - 18$ (dB) $\quad (3-4)$

对点状声桥：$\Delta R_M = 20\lg(df_c) + 20\lg[m_1/(m_1+m_2)] - 45$ (dB) $\quad (3-5)$

声桥频率：$f_B = f_0 10^{(\Delta R_M/40)}$ $\quad (3-6)$

其中，M 为双层间壁的面密度（kg/m²），即 $M = m_1 + m_2$，m_1、m_2 分别为两侧墙板的面密度（kg/m²），f_c 为临界频率（Hz），b 为线状声桥（即各龙骨之间）间距（m），d 为点状声桥（即钉与钉之间）间距（m）。这是隔声量–频率曲线中一段按 6 dB/oct 上升的斜线，见图 3-22 中曲线 C。式（3-3）适用于 1/2 临界频率 f_c 以下的范围。

木龙骨尺寸一般要兼顾壁体构造需求，通常不小于 75（70）mm×50（45）mm。下面从一些实例来看它的部分特性：图 3-17 所示为 75mm×45mm 木龙骨，腔内 50mm

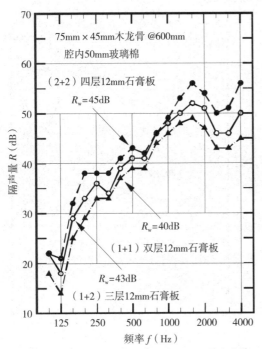

图 3-17　75mm×45mm 木龙骨腔内 50mm 厚玻璃棉，（1+1）两层、（1+2）三层、（2+2）四层 @12mm 石膏板（8.5kg/m²）的计权隔声量 R_w 分别为 40dB，43dB 和 45dB。

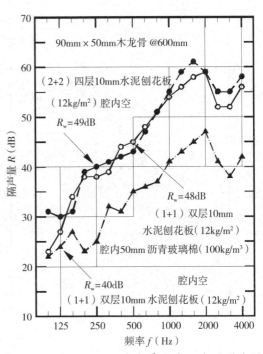

图 3-18　90mm×50mm 木龙骨及（1+1）两层水泥刨花板（12kg/m²）腔内空，R_w=40dB。腔内填 50mm 沥青玻璃棉（100kg/m³），计权隔声量 R_w=48dB，以及（2+2）四层水泥刨花板腔内空，计权隔声量 R_w=49dB 的比较。

厚玻璃棉组成的（1+1）两层、（1+2）三层和（2+2）四层 12mm 石膏板的隔声量 R 分别为 40dB，43dB 和 45dB，可见面板的质量与层数对隔声量的影响，面板层数多、质量大，间壁隔声量愈大。图 3-18 所示为 90mm×50mm 木龙骨间壁，10mm 厚（1+1）两层水泥刨花板（12kg/m²）腔内空时，隔声量为 40dB，如腔内填充 50mm 沥青玻璃棉（100kg/m³），隔声量为 48dB，而（2+2）四层水泥刨花板、腔内空时隔声量为 49dB。可见腔内填充吸声材料与增加面板质量对提高间壁隔声性能都有较明显的效果。

当木龙骨尺寸、两侧面板材料以及腔内填充吸声材料均不相同时，从以下隔声量作比较的两例中，可获悉一些情况。图 3-19 显示 90mm×50mm 木龙骨，两侧各 10mm

水泥刨花板、腔内填充 50mm 厚沥青玻璃棉时，间壁的计权隔声量 R_w 为 48dB。而 75mm×45mm 木龙骨，两侧各 12mm 石膏板、腔内填充 50mm 厚玻璃棉时，间壁的计权隔声量 R_w 仅为 40dB。两者相差 8dB 之多。又如图 3-20 所示 90mm×50mm 木龙骨，两侧各 10mm 石膏板、腔内无吸声时，间壁隔声量仅为 38dB，比上例中 90mm×50mm 木龙骨的计权隔声量 R_w=40dB 的间壁隔声量还低 2dB。

2. 轻钢龙骨刚度对间壁隔声影响

冷轧成型的薄钢皮（常称轻钢）龙骨是房屋隔墙中常用的支承结构，由此组成的间壁隔声性能与木龙骨间壁不同，并使同样薄板组合的间壁隔声量会有很大提高。实验数据表明，在同样的板材和腔内填棉组合下，

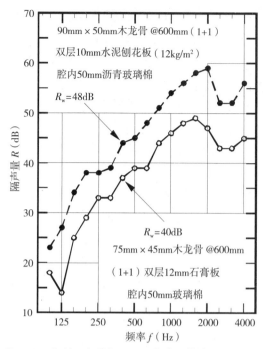

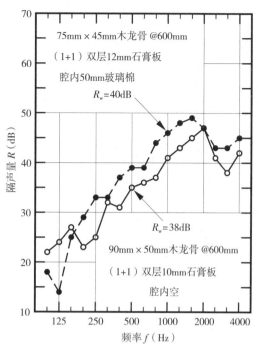

图 3-19 板材、龙骨断面和腔内填充棉料不同,对间壁隔声量均有影响。①(1+1)双层 10mm 水泥刨花板、90mm×50mm 木龙骨 @600mm 中及腔内 50mm 厚沥青玻璃棉的计权隔声量 R_w=48dB,②(1+1)双层 12mm 石膏板、75mm×45mm 木龙骨 @600mm 中及腔内 50mm 厚玻璃棉的计权隔声量 R_w=40dB。

图 3-20 不同木龙骨(90mm×50mm 与 75mm×45mm)、腔内填棉(50mm 厚玻璃棉)或腔内空,及两种厚度石膏板组合的间壁计权隔声量 R_w 分别为 38dB 和 40dB。

轻钢龙骨间壁的隔声量比之木龙骨间壁提高了 5~6dB 之多。即使腔内空的轻钢龙骨间壁,其隔声量也比腔内填棉的木龙骨间壁略高一些。这些现象对(1+1)两层板,(1+2)三层板,(2+2)四层板间壁均是如此(见图 3-21),可见其普遍性。这是因为轻钢龙骨传声时,龙骨因变形而起到弹性声桥作用的缘故。于是,我们(1982)提出以轻钢龙骨的侧向等效刚度 K,作为表征此类间壁隔声特性的重要参量。三十多年来国外文献中常以顾-王公式相称来引述。它的适用频率范围约在临界频率 f_c 之半(1/2 f_c)以下。

　　这类轻质双层间壁在混响声场的隔声量 R(dB),主要受间壁质量、空腔大小和腔内吸声处理以及龙骨声桥等几个方面影响。我们在双层间壁隔声实验研究中,把木龙骨

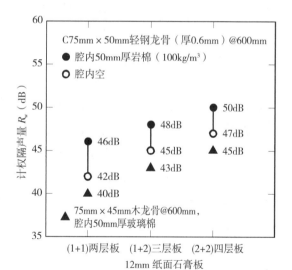

图 3-21 以同样(1+1)两层、(1+2)三层和(2+2)四层 12mm 厚石膏板为例,C75mm×50mm 轻钢龙骨间壁和 75mm×45mm 木龙骨间壁的计权隔声量 R_w(dB)作比较。木和轻钢龙骨中距均为 600mm。

定义为刚性声桥。将轻钢龙骨比喻为墙板之间的弹簧，将它定义为弹性声桥，可有效减弱板与板之间的声传递。于是提出钢龙骨侧向等效刚度 K 这个参量来表征其性能。龙骨与薄板之间一般按线状连接考虑，在其预计双层间壁隔声量的表达式中，在空腔中填充吸声材料，腔内驻波共振基本消除的情况下，

$$R = R_{m_1} + R_{m_2} + \Delta R_M \quad (\text{dB}) \quad (f > f_B) \tag{3-7}$$

式中，$R_{m_1} = 20\lg(m_1 f) - 48 \quad (\text{dB})$

$R_{m_2} = 20\lg(m_2 f) - 48 \quad (\text{dB})$

又 ΔR_M 分别考虑如下：

线声桥时：$\Delta R_M = -20\lg K' - 10\lg(nl/Sf) + 101 \quad (\text{dB}) \tag{3-8}$

声桥频率：$f_B = \dfrac{313 \times 10^4}{K'd} \sqrt{\dfrac{Sf_c}{nl}} \quad (\text{Hz}) \tag{3-9}$

点声桥时：$\Delta R_M = -20\lg K - 10\lg(n/S) + 122 \quad (\text{dB}) \tag{3-10}$

声桥频率：$f_B = \dfrac{358 \times 10^5}{Kd} \sqrt{\dfrac{S}{n}} \quad (\text{Hz}) \tag{3-11}$

式中，K' 为龙骨侧向单位长度的等效刚度（N/m，按每米计），K 为龙骨每一声桥点的刚度（N/m），n 为声桥数量，l 为每条线声桥长度（m），S 为间壁面积（m²），d 为双层间壁的空腔厚度（m）。这是一段按 12dB/oct 上升的斜线，显示出轻钢龙骨比木龙骨在隔声性能上的优越之处，亦与我们的实验结果比较符合（见图 3-22 中曲线段 B，适用于 1/2 f_c 以下）。又取加拿大间壁隔声实验数据与式（3-7）相比较，也符合很好，如图 3-23 所示。其可预计的频率范围虽只限于 1/2 f_c 以下，这正是轻墙隔声中由龙骨传声所控制的主要频段。

有人对五种截面形状不同轻钢龙骨的弹性作比较研究，从间壁双侧振级差随频率的变化来观察其不同效果。曾选用其中两种宽度相同（70mm）而截面形状不同的龙骨（常用的 C 形和弹性更大的匚形），利用有

在低于声桥频率 f_B 的频率范围内，隔声估算式与木龙骨的估算式完全相同，在高于声桥频率 f_B 和 1/2 临界频率 f_c 以下，同样以片间无连接构件的隔声量 R 估算式为基础，得出了钢龙骨轻质双层间壁隔声量 R 的实用简化式如下：

限元 FE 法数字模拟和间壁构件隔声实验分析作进一步比较。不同断面形状的龙骨，在振动传递上有明显差别。研究者认为龙骨刚度随频率有变化，从而影响墙体隔声量的频率特性。在低频时影响小，在中高频段（400～2500Hz）影响则明显增加。由于龙骨受双侧墙板固定"夹紧"，龙骨截面上的平移（传声方向）刚度 K_t 是主要的，它的转动刚度 K_θ 可以忽略不计。图 3-24 所示为具有不同平移刚度 K_t 的两种截面形状轻钢龙骨组成的间壁，在不同频率下间壁隔声量 R（dB）估算值的变化。显见龙骨 A 的刚度比龙骨 B 的小，使间壁隔声量有所提高。两者都表明龙骨断面形状明显影响到间壁的隔声性能，主要是由龙骨的刚度所决定。龙骨刚度变小，间壁隔声性能就提高。

实验研究表明，在相同宽度轻钢龙骨（92mm×30mm，中距分别为 406mm 和

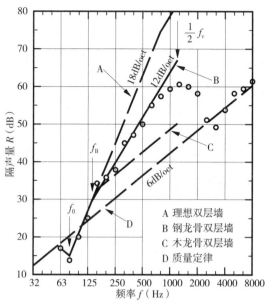

图 3-22 按刚性声桥(木龙骨)与弹性声桥(轻钢龙骨)预计的双层间壁隔声量比较。

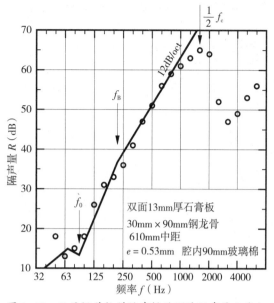

图 3-23 双层间壁按弹性声桥的预计隔声量曲线与实验结果比较。

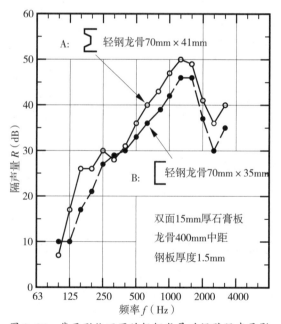

图 3-24 截面形状不同的轻钢龙骨对间壁隔声量影响的实验结果。

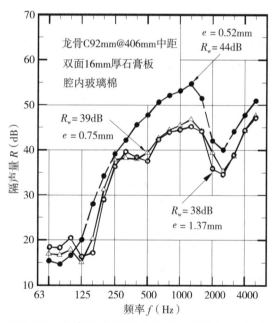

图 3-25 龙骨刚度因钢皮厚度 e 不同(e 分别为 0.52mm,0.75mm 和 1.37mm)(龙骨间距 406mm)对(1+1)两层石膏板间壁隔声量的影响。

602mm 两种)和石膏板（板厚 16mm,分别为两层、三层和四层,即 1+1,1+2 和 2+2 三种条件）构造下,仅改变龙骨钢板的厚度使龙骨刚度有所改变,从而使间壁隔声量

可有 4 ～ 5dB 的变化。其部分结果见表 3-2 和图 3-25。实验所用三种龙骨厚度分别为 0.52mm、0.75mm 和 1.37mm,系统考察了龙骨厚度对间壁隔声量的影响。

表 3-2　不同钢皮厚度的计权隔声量（R_w）比较

板材组合	龙骨钢皮厚度 e（mm）	计权隔声量 R_w（dB）
（2+2）四层板	0.52	52
	0.75	48
	1.37	47
（2+1）三层板	0.52	48
	0.75	43
	1.37	43
（1+1）双层板	0.52	43
	0.75	39
	1.37	38

* 原文为美制 STC 等级，已换算为计权隔声量 R_w。

总的来说，不同研究者得出的龙骨侧向等效刚度会有差异，甚至达到 10 倍以上。其原因是多方面的。除隔声测量方面引起刚度推算结果存在不小误差外，还有构造上的差异，如龙骨截面尺寸（龙骨宽度和厚度）不同。图 3-26（a）所示为龙骨 C100 间壁隔声量 R（dB）比 C50 间壁要高出 6dB 之多，虽然腔内玻璃棉也略有差异。图 3-26（b）所示为龙骨宽度差异（C150，C90 和 C65）对间壁隔声量的影响。此例中 C150 龙骨间壁的计权隔声量 R_w 可比 C90 龙骨间壁高出 6dB，比 C65 龙骨间壁更高出 10dB 之多。甚至面板与龙骨固定方式不同，也对隔声量有影响，如图 3-27 所示。实验说明，除了螺钉之外，在钢龙骨翼面上加涂黏胶使石膏板与龙骨更加紧贴，形成更完全的线状连接，结果使墙体隔声量明显下降，中频段（250～1000Hz）下降了 3～8dB 之多。可见后者的线状连接，对隔声不利。原因在于板材紧贴轻钢龙骨翼面使龙骨刚度增大，从而使间壁隔声量下降。

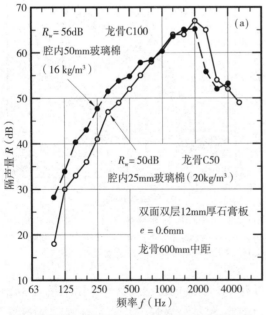

（a）轻钢龙骨宽度分别为 50mm 和 100mm 的隔声量比较。计权隔声量 R_w 为 50dB 和 56dB（同济大学隔声实验室测量）

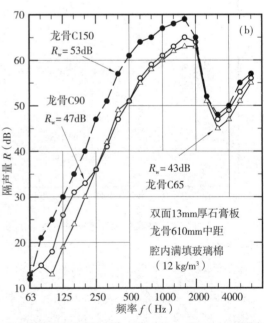

（b）轻钢龙骨宽度分别为 65mm、90mm 和 150mm 的隔声量比较。计权隔声量 R_w 分别为 43dB，47dB 和 53dB（国外资料）

图 3-26　轻钢龙骨宽度变化对间壁隔声量影响两例

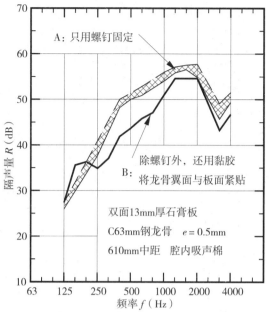

图 3-27 墙板与钢龙骨固定方式不同对隔声量的影响。

A 只用螺钉固定，B 除螺钉固定外，龙骨与墙板还用黏胶紧贴。

A：只用螺钉固定

除螺钉外，还用黏胶将龙骨翼面与板面紧贴 B

双面13mm厚石膏板
C63mm钢龙骨 $e = 0.5$mm
610mm中距 腔内吸声棉

3. 轻钢龙骨刚度的确定

龙骨刚度对间壁隔声的重要性已如上述，有关刚度如何确定的问题便成为一个热点。长期以来，龙骨刚度是由间壁隔声量实验结果反向推算得出的。正由于推算中存在一些不确定因素，使所得刚度不够精确，甚至不能互比。于是，如何确定龙骨刚度成为大家关心的另一议题。迄今为止，无论按声学实验结果推算间接作出估计，或是直接测量龙骨刚度方面，均尚无比较满意的推荐方法。

许多实验结果表明，在相同墙板条件下，轻钢龙骨双层间壁的隔声量比木龙骨双层间壁高，有时会高出很多。主要是两种龙骨刚度不同所致。当声波从一侧墙板通过龙骨传到另一侧墙板时，龙骨起的声桥作用不同。钢材的特性和龙骨断面形状与木龙骨均有很大差异。木龙骨可视作刚性声桥，轻钢龙骨可作为弹性声桥。在"质量－空气－质量"共振频率 f_0 以上，刚性声桥和弹性声桥

的隔声曲线斜率相同，都是 18dB/oct。但是在声桥频率以上，刚性声桥隔声曲线的斜率是 6dB/oct，而弹性声桥隔声曲线的斜率是 12dB/oct。这表明在声桥频率以上，轻钢龙骨双层墙的隔声要显著优于木龙骨双层墙。前者的隔声量又与龙骨侧向等效刚度密切相关。其对墙体传声起到了类似弹簧般弹性声桥的作用，有效减弱了声波传递。因此轻钢龙骨双层墙的隔声性能总比木龙骨双层墙要高，如图 3-28 所示。

由式（3-9）、式（3-11）可知：轻钢龙骨的侧向等效刚度 K 是影响双层墙隔声量的重要参数，已知龙骨刚度 K 的研究，几乎都是采用声学实验方法来求得其 K 值，即用隔声理论推导出来的墙体隔声曲线，和用实验所得墙体隔声曲线最相符合时，得出其 K 值。目前尚不能单纯用力学实验或计算来获得。故对于每一种不同的龙骨，其 K 值只能通过实验求得，这就限制了前述隔声量公式在各种轻钢龙骨双层墙隔声量预估中的广泛应用。

也有人用两种不同断面形状的轻钢龙骨组合墙进行隔声实验，表明轻钢龙骨的断面形状会明显影响双层墙的隔声性能。不同断面形状轻钢龙骨的双层墙隔声性能差异，主要由龙骨的刚度决定。龙骨的侧向弹性大，刚度小，它的隔声性能就高，这与上面轻钢龙骨双层墙隔声量的表达式所得结论是一致的。

我们早年提出：轻钢龙骨的侧向弹性会减弱声音的传递，它起到弹性声桥作用，于是提高了双层间壁隔声量。据此机理作出的预估，在临界频率 f_c 之半以下，与实验结果符合良好（见图 3-23）。

影响轻钢龙骨双层墙隔声量的因素很

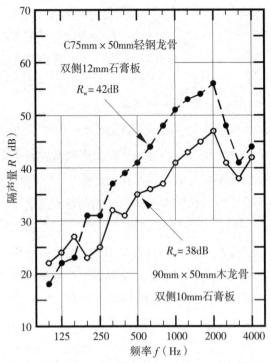

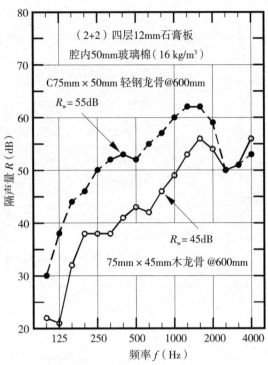

（a）两侧各一层 10mm 石膏板的 90mm×50mm 木龙骨间壁隔声量，比之两侧各一层 12mm 石膏板的 C75mm×50mm 轻钢龙骨间壁明显低些，两者 R_w 分别为 38dB 和 42dB，木龙骨间壁低了 4dB。

（b）两侧各两层（2+2）石膏板的 75mm×45mm 木龙骨间壁比 C75mm×50mm 轻钢龙骨间壁的计权隔声量 R_w 低了 10dB 之多。

图 3-28　轻钢龙骨双层墙与木龙骨双层墙的隔声量比较

多，除龙骨刚度外，还有龙骨间距、两侧墙板的面密度、空腔厚度、空腔内吸声材料布置状况、固定墙板的螺钉间距以及双层墙和四周结构的连接状况（例如是否完全刚性固定，或是有弹性垫层相连）等。在建筑物现场，还受到很多侧向传声途径影响，隔声量就更难以精确预测了。

由于双层间壁构造中出现多种材料的连接与组合，龙骨刚度又不能简单地直接得到，只能采用双层间壁隔声量测定结果反向推定龙骨刚度。由于影响隔声测量的因素太多（如实验室差异、测试人员、龙骨与间壁的连接构造、龙骨尺寸、钢皮厚度、空腔填充物等差异），隔声量 R_w 测定值的离散性又会很大。从表 3-3 可以看出，即使同一实验室的测试结果，当龙骨尺寸和墙体构造完全相同，仅

钢皮厚度不同时，双层间壁隔声量的差异就达到 4～5dB，如加上实验室条件、龙骨尺寸、试件构造、估算式等的不统一，不同研究者得出龙骨等效刚度值出现较大差异就不足为奇了。

4. 轻钢龙骨断面尺寸、钢皮厚度和龙骨间距的影响

不同钢皮厚度的龙骨和它们之间的间距都会对间壁的隔声性能产生影响。加拿大国立实验室所提供的大量数据中，取 16mm 石膏板、92mm 轻钢龙骨（龙骨中距分别为 406mm 和 610mm 两种尺寸）为例，其实验结果见表 3-3。由此可知：

①龙骨钢皮厚度（分别选用了 0.45mm、0.75mm 和 1.37mm 三种）对计权隔声量 R_w

表 3-3 不同龙骨钢皮厚度及龙骨间距下计权隔声量 R_w (dB) 的比较

板材层数	龙骨钢皮厚度	龙骨间距 406mm	龙骨间距 610mm
（2+2）四层板	0.45mm	R_w=49dB	R_w=49dB
	0.75mm	R_w=44dB	R_w=48dB
	1.37mm	R_w=45dB	R_w=47dB
（1+1）两层板	0.45mm	R_w=44dB	R_w=43dB
	0.75mm	R_w=39dB	R_w=38dB
	1.37mm	R_w=38dB	R_w=39dB

（原文为美制 STC，大致相当于 ISO 的 R_w。钢皮厚度已由英制号数换算）

的影响。在间壁构造相同时，龙骨厚 0.45mm 的计权隔声量 R_w 可比其他两种厚度的要高出 4 ~ 5dB。

②双面单层板（1+1）时，改变龙骨中距对间壁隔声几无影响。双面双层板（2+2）时，除钢皮厚度为 0.45mm 之外，仅改变龙骨中距对间壁隔声也有影响。中距 610mm 的计权隔声量 R_w 比中距 406mm 的高 2 ~ 4dB。

5. 板与龙骨通过螺钉的结构传声

考虑间壁隔声中龙骨传声时，连接板与龙骨的螺钉作用也很重要。实际工程施工中，螺钉沿着龙骨方向成排等距布置。传声效果与螺钉数量有关，常以螺钉中心距离作为表征。钉距小则螺钉密集，板与龙骨视作线状连接，提高了传声效率，使间壁隔声量有所下降。钉距大则可视作点状连接，使间壁隔声量有所提高。线状与点状连接的区分还与频率有关，大致以板材弯曲波长之半数为界。在石膏板拼接处，更是双排螺钉紧凑在一起，其传声作用会更大些。许多实验结果可说明不同钉距对间壁隔声量的影响。

早年研究双层薄板间壁隔声时，即已注意到板片固定在木龙骨上的螺钉传声影响。认为大多情况下薄板与龙骨宜按线状连接来

考虑，只有少数特殊构造情况下才会出现点状连接。一种情况是龙骨与薄板间增加了垫块。于是薄板与龙骨间的振动传递只有通过垫块和螺钉，形成明确的点状传声［图 3-29（a）］。第二种情况是，在龙骨和薄板之间增加金属弹性垫条（在我国设计标准中称减震龙骨），由于弹性垫条和钢龙骨垂直相交，它们之间只有很小的接触面，同样可视为点状传声［图 3-29（b）］。在预估间壁

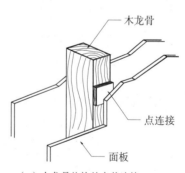

（a）木龙骨垫块的点状连接

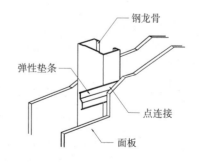

（b）轻钢龙骨与金属弹性垫条的点状连接

图 3-29 板与龙骨作点状连接之两例

隔声量时，木龙骨和钢龙骨双层间壁隔声估算式分别见式（3-3）和式（3-7）。它们在线状连接和点状连接时，比根据质量定律得出的隔声量高，其增量 ΔR 分别见式（3-4）、式（3-5）、式（3-8）和式（3-10）。

早期的实验结果并未能说明两类钉距（分别为300mm 和600mm）对间壁在主要频段内的隔声量有何差异。

在常规螺钉间距下，轻钢龙骨间壁两种连接方式对隔声特性的影响主要是声桥频率 f_B 有所不同，f_B 即声桥对间壁传声开始起主导作用的频率，即式（3-9）、式（3-11）所示：

按线状连接：$R = R_1 + R_2 - 20\lg K' - 10\lg(sf_c/nl) + 101$，dB　　（$f_B \leqslant f \leqslant f_c$）

（3-12）

式中，$R_1 = 20\lg(m_1 f) - 48$(dB)，$R_2 = 20\lg(m_2 f) - 48$(dB)，由此估算出 1/2 临界频率 f_c 以下的隔声量，与实验结果基本相符，见图3-30。

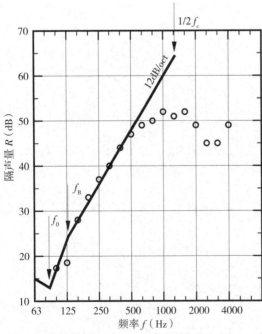

图3-30　轻钢龙骨双层间壁隔声量测定值和式（3-12）预计曲线的比较。双面各 12mm 石膏板，75mm×45mm 拉花钢板龙骨，空腔内填 50mm 厚玻璃棉

按点状连接：

$$f_B = \frac{358 \times 10^5}{Kd} \sqrt{\frac{S}{n}} \quad (\text{Hz})\ (3\text{-}11)$$

按线状连接：

$$f_B = \frac{313 \times 10^4}{K'd} \sqrt{\frac{Sf_c}{nl}} \quad (\text{Hz})\ (3\text{-}9)$$

式中，K' 为每单位长度声桥的等效刚度（N/m），d 为双层间壁的空腔厚度（m），S 为间壁面积（m²），n 为间壁中声桥数量，l 为线声桥长度（m）。

至于 f_B 以上的隔声量 R 与频率 f 的上升斜率则基本相同。于是，声桥频率 f_B 以上的隔声量可按线状连接估算。其隔声量 R 即为前面式（3-7）所示，将式（3-8）代入：

对不同间距螺钉的间壁（双面单层16mm 石膏板，C92mm×50mm、厚0.5mm 轻钢龙骨和腔内填充75mm 厚吸声棉）所进行的隔声实验说明：当螺钉只限于竖立的龙骨上，试件的上下槛只用密封膏固定不设螺钉时，该间壁隔声量随螺钉中距300mm、600mm、1200mm 增大而上升，它们的 STC（与 ISO 的计权隔声量 R_w 大致相当）分别为48、51和51dB。及至无螺钉时隔声量又有较大提高，STC 达到56dB 见图3-31（a）。至于螺钉中距600mm 与1200mm 的隔声量几无变化。该实验还显示：当腔内无吸声棉时重复上述四种条件的实验，结果发现间壁的隔声量与螺钉间距基本无关，见图3-31（b）。对此现象可解释为：此时声波透过间壁传声，主要通过空气腔体这一途径。于是，间壁隔声性能服从传声过程中的薄弱环节——无棉空腔。

图3-32 所示为 100mm×50mm 木龙骨及石膏板、内填充吸声棉的间壁，随钉子数

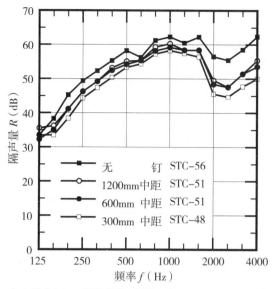

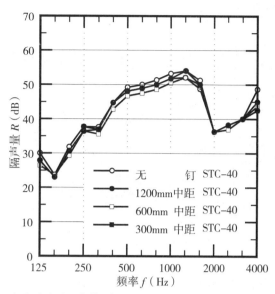

（a）腔内 75mm 厚吸声棉，钉距 30mm、60mm、120mm 和无钉（0mm）时美制 STC（大致与计权隔声量 R_w 相当）分别为 48dB、51dB、51dB、56dB。

（b）腔内无吸声棉，钉距 300mm、600mm、1200mm 和无钉（0mm）时的美制 STC（大致与计权隔声量 R_w 相当）基本相同，均为 40dB。

图 3-31　改变螺钉间距（中距分别为 1200mm，600mm 和 300mm）和无钉对间壁隔声量的影响。间壁为：C92mm×50mm 轻钢龙骨（厚 0.5mm），双面单层 16mm 厚石膏板。STC 为美国间壁隔声量标准曲线代号，约略相当于国际标准隔声量曲线号 R_w。

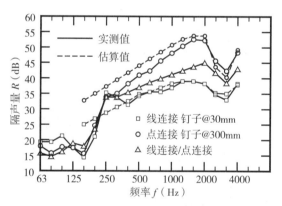

图 3-32　深 100mm 木龙骨内填吸声棉的间壁，在不同数量钉子情况下的隔声量。钉距 30mm 和 300mm 作为线状和点状连接之代表，钉距 150mm 作为线/点连接的中间状态。

量（以钉距作为参数）不同而测得的隔声量变化。间壁双面以 30mm 中距和 300mm 中距两种钉距条件分别作为线状和点状连接之隔声量结果。另以钉距 150mm 作为线/点中间状态之结果。从这些实测结果看，钉距对中高频段隔声量的影响因点状和线状连接而不同，相差可达 10dB 乃至更多。至于低

频段（约 200Hz 以下）的隔声量，则基本上不受点状或线状连接影响了。

　　从上述钉距变化所反映的点状和线状的不同连接方式对间壁隔声量的影响看，其变化规律与我们当初提出的相比，主要在于声桥频率 f_B 的变化，隔声量随频率而异，其他变化规律则仍然相同。

　　图 3-33 为 100mm×50mm 木龙骨双面薄板内填吸声棉的间壁，在不同数量钉子情况（钉距分别为 600mm、300mm 和 150mm）下的隔声量，作为点状、线/点状和线状连接之代表。图 3-34 为木龙骨间壁改变钉距（170mm、340mm 和 680mm）后隔声量的变化。间壁为双面各 2mm 厚钢板，龙骨中距为 275mm，腔厚 $d=84mm$，内填吸声棉。

　　又从我们早期在龙骨与板片之间加软质纤维板作弹性垫条的实验结果看，它使板与

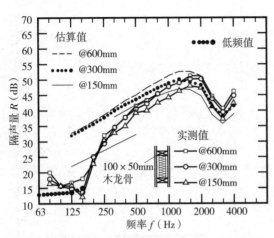

图 3-33　100mm×50mm 木龙骨双面薄板内填吸声棉的间壁，在不同数量钉子情况下的隔声量。钉距分别为 600mm、300mm 和 150mm。

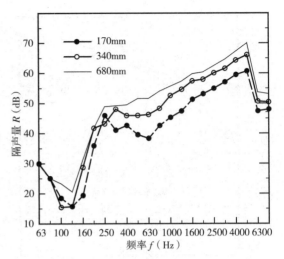

图 3-34　木龙骨间壁改变钉距（170mm，340mm 和 680mm）后隔声量的变化。双面各 2mm 厚钢板，取其吻合频率出现在常用频段之外（约高于 5000Hz）。龙骨中距为 275mm，腔厚 d=84mm，内填吸声棉。

龙骨翼面更加紧贴，虽更接近于线状连接条件，但由于垫条的阻尼作用，龙骨传声效果仍然降低。看来，一般间壁作为点、线中间状态或称之准线状来考虑，较为合适。

查我国建筑标准设计参考集 GJCT-015《轻钢龙骨石膏板隔墙、吊顶》（2007）中《隔墙施工说明》第 1.6.7 条规定：石膏板边缘上的螺钉中心距离一律不大于 200mm，板片中央部位的螺钉中心距离则不大于 300mm。而且所用螺钉亦规定为 ϕ3.5mm。这些规定主要出于结构强度和消防等安全方面的考虑，也是实际应用中必须遵循的。

6. 弹性垫条（块）对间壁隔声的效果

利用龙骨和面板之间的弹性垫条（块）来减弱龙骨传声，从而提升间壁隔声效果，是行之有效的措施。前面图 3-29（a）所示为木龙骨上垫块的构造轴测图，板与龙骨是点状连接的。图 3-29（b）所示为轻钢龙骨上固定薄钢皮弹性垫条，又因为龙骨与垫条相互垂直布置，两者之间也是点状接触。这些节点构造弱化了固体传声作用，加上钢皮垫条的弹性，更减弱了墙体的传声效果。

从我们的实验结果获得如下一些结论。图 3-35 所示为 C75mm×50mm 轻钢龙骨与石膏板之间两侧加上金属减震条或 3.5mm 厚橡胶垫块后，对墙体隔声量提升的效果。图中所示三例分别为腔内填 50mm 岩棉（100kg/m³）的两层（1+1）、三层（1+2）、和四层（2+2）石膏板间壁隔声量 / 频率特性的变化。它们的计权隔声量 R_w 增值可有 5 ～ 7dB 之多。

图 3-36 所示两例也说明橡胶垫块、垫条对提升间壁隔声是有效的。金属减震条的隔声效果略优于橡胶垫块。后者价格虽较低廉，但因橡胶易老化而失效，故实用中并不推荐。

1970 年代末轻板隔墙刚兴起时，出现薄至 4mm 厚低碱水泥板（7.2kg/m²）、C70mm×50mm 轻钢龙骨，腔内空间壁的计权隔声量 R_w 仅 37dB。腔内加 50mm 厚矿棉后的计权隔声量 R_w 为 42dB，双侧加上 13mm 厚纤维板垫条后，计权隔声量 R_w 才提

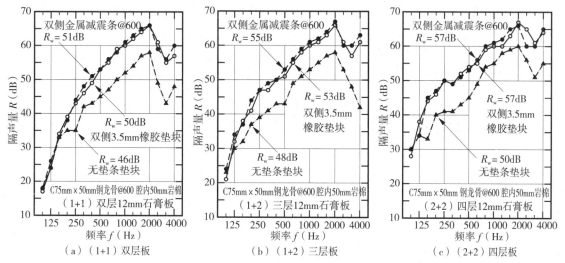

（a）（1+1）双层板 （b）（1+2）三层板 （c）（2+2）四层板

图3-35 C75mm×50mm 轻钢龙骨双侧与间壁石膏板之间，加上金属减震垫条或3.5mm 厚橡胶垫块前后墙体隔声量的变化，可提升5～7dB之多。

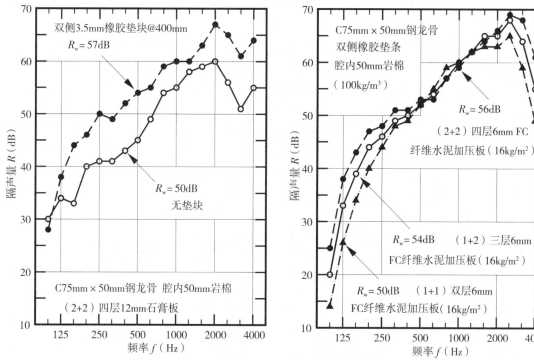

（a）（2+2）四层 12mm 石膏板双侧加衬 3.5mm 橡胶垫块（@400m 中）前、后的隔声量比较。它们的计权隔声 R_w 分别为 50dB 和 57dB

（b）（1+1）双层、（1+2）三层和（2+2）四层 FC 板双侧加垫 3.5mm 橡胶垫块（@400mm 中）的隔声量的比较。它们的计权隔声量 R_w 分别为 50dB，54dB 和 56dB。

图3-36 石膏板或FC板与 C75mm×50mm 轻钢龙骨之间加衬橡胶垫块（@400mm 中）或垫条后，对间壁隔声量的提升效果。

升到48dB，有了较大变化。可见太薄太轻的板对隔声不利，即使加上如软质纤维垫条，对隔声量的提升仍然有限。

四、双排分离龙骨间壁的隔声性能

为了减弱乃至排除龙骨传声作用，采用双排分离、互相独立布置的龙骨，可有效提

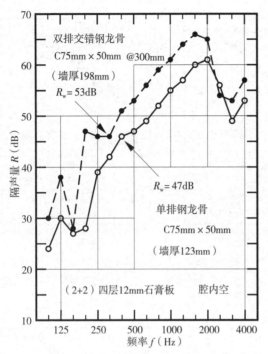

图 3-37 双排 C75mm×50mm 交错龙骨和单排 C75mm×50mm 龙骨，(2+2)四层 12mm 石膏板间壁隔声量比较（腔内空），计权隔声量 R_w 分别为 53dB 和 47dB。

高间壁的隔声性能。从图 3-37 所示可知，龙骨（C75mm×50mm）作双排分离布置后（腔内无吸声棉），间壁隔声量将比单排龙骨有明显提高。在两侧各有双层 12mm（2+2）石膏板的四层板间壁情况下，计权隔声量 R_w 由 47dB 增至 53dB。此 6dB 隔声增量主要是因龙骨传声途径被中断所致。

腔内设置吸声棉后的情况同样如此。以两侧各有双层（2+2）12mm 石膏板为例，双排分离 C75mm×50mm 龙骨间壁计权隔声量 R_w 比单排龙骨间壁提高了 5dB，如图 3-38（a）所示。同样两侧各有双层 12mm（2+2）石膏板，当单排龙骨腔内为一层 25mm 玻璃棉，而双排龙骨的腔内有两层（每排龙骨腔内各一层）

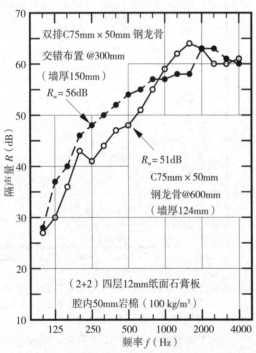

（a）C75mm×50mm 轻钢龙骨、（2+2）四层 12mm 石膏板面层与腔内吸声均相同时，单排轻钢龙骨与双排交错龙骨间壁隔声量的比较，计权隔声量 R_w 分别为 51dB 和 56dB. 墙厚分别为 124mm 和 150mm。

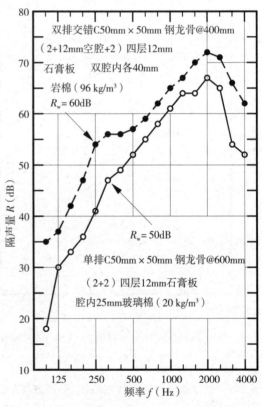

（b）C50mm×50mm 单排轻钢龙骨，腔内 25mm 玻璃棉时，计权隔声量 R_w=50 dB。C50mm×50mm 双排交错轻钢龙骨，双腔内各 40mm 岩棉时，计权隔声量 R_w 为 60 dB。

图 3-38 石膏板面层相同，（2+2）四层 12mm 石膏板，腔内有吸声材料时，单排轻钢龙骨与双排分离轻钢龙骨间壁隔声量比较

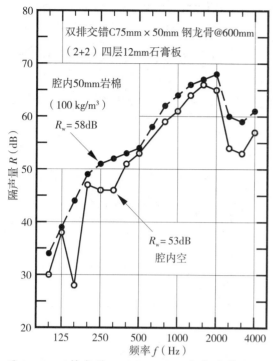

图 3-39 双排交错 C75mm×50mm 轻钢龙骨 @600 中,（2+2）四层 12mm 石膏板隔墙,腔内空和 50mm 岩棉（100kg/m³）的计权隔声量 R_w 分别为 53dB 和 58dB。

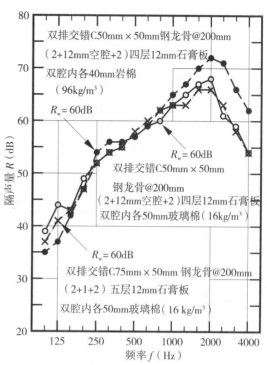

图 3-40 双排分离龙骨（0.7mm 厚、C50mm×50mm 或 C75mm×50mm 龙骨 @200mm 中）、有 2 组的双排对称龙骨中间留有 12mm 空隙,双腔各 40mm 厚岩棉（96kg/m³）或 50mm 厚玻棉（16kg/m³）的三例,计权隔声量 R_w 均达 60dB 高值。

40mm 厚岩棉时, 间壁隔声量更有显著增加, 达到 10dB 之多 [见图 3-38（b）]。双排分离龙骨间壁腔内设置吸声棉后, 计权隔声量 R_w 仍可有 5dB 左右的提升, 见图 3-39。

双排分离龙骨阻断了间壁的固体传声途径, 对间壁腔内填充吸声棉料的选用居于次要地位。图 3-40 所示三例双排交错分离龙骨, 两种不同龙骨尺寸（C75mm×50mm 和 C50mm×50mm）, 腔内填棉不同（40mm 岩棉, 96kg/m³ 和 50mm 玻璃棉, 16kg/m³）, 石膏板层数不同（四层和五层）, 所得隔声量均达到实验中 60dB 最高值, 可见分离的龙骨对间壁隔声之重要作用。

图 3-41 所示双排分离交错轻钢龙骨（0.7mm 厚、C75mm×50mm 龙骨 @300mm 中, 交错 200mm 布置）的（2+2）四层 12mm 石膏板, 腔内空（无棉）轻质隔墙的隔声量 R_w 为 53dB, 它相当于普通 240mm 厚一砖墙加双面各有 12mm 抹灰层（总厚 264）的计权隔声量 R_w。双排分离龙骨墙总厚 198mm, 比一砖墙厚度减少了约 1/4, 重量仅为它（500kg/m²）的 1/6。腔内如填入单层 50mm 岩棉, 双排 C75mm×50mm 龙骨又相互叉开伸入, 维持墙体龙骨总厚 100mm, 加上（2+2）四层 12mm 石膏板的轻墙总厚度才 148mm。此时墙体隔声量 R_w 可达 56dB 之多, 能满足一般住宅较高隔声需求。

实验结果还显示, 中间留出 12mm 空隙的双排 C50×50 龙骨, 腔内双侧各填 50mm 厚玻棉（16kg/m³）的（2+2）四层石膏板墙体（总厚 150mm）的隔声量可达 59dB 之多。中间如另加一层石膏板（2+1+2）后的隔声

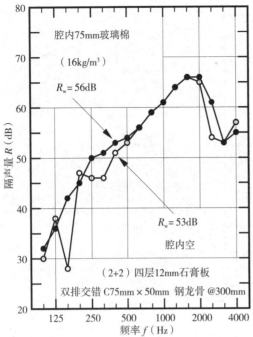

图 3-41　双排分离并列轻钢龙骨(0.7mm 厚、C75mm×50mm 龙骨 @600mm 中，交错 300mm 布置)、腔内空的(2+2) 四层 12mm 石膏板隔墙 (总厚 198mm)：计权隔声量 R_w=53dB。腔内有单层 75mm 玻璃棉，龙骨又相互叉开伸入 (轻墙总厚 148mm)，计权隔声量 R_w=56dB。

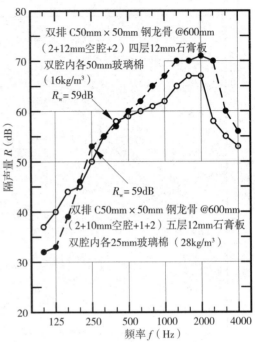

图 3-42　双排分离轻钢龙骨(0.7mm 厚、C50mm×50mm 龙骨 @600mm 中)留 12mm 空隙两例。双腔内各有 25mm 玻璃棉(2+2) 四层 12m 石膏板隔墙，达到 59dB 计权隔声量。双腔各有 50mm 玻璃棉(16kg/m³)的(2+1+2) 五层石膏板的轻质间壁计权隔声量 R_w 亦为 59dB。

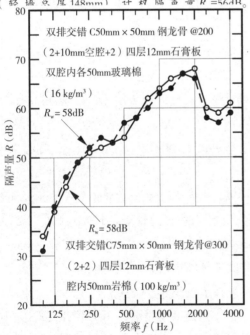

图 3-43　达到 58dB 隔声量的两例：① C75mm×50mm 双排交错轻钢龙骨(@300 中)，(2+2) 四层 12mm 石膏板隔墙双腔内各有 50mm 岩棉，计权隔声量为 58dB。② C50mm×50mm 双排交错轻钢龙骨(@300 中)，留有 12mm 空隙，(2+2) 四层 12m 石膏板隔墙双腔内各有 50mm 玻璃棉(16kg/m³)，此间壁计权隔声量 R_w 亦为 58dB。

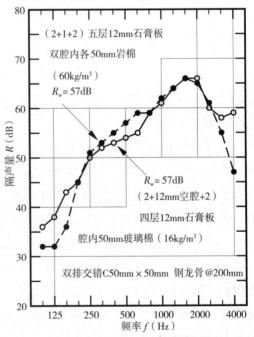

图 3-44　达到 57dB 计权隔声量的两例：均为 C50mm×50mm 双排交错轻钢龙骨(@200mm)，① (2+1+2) 五层 12mm 石膏板，双腔内各有 50mm 岩棉(60kg/m³)，计权隔声量为 57dB。② 双排龙骨间留有 12mm 空隙，(2+2) 四层 12m 石膏板，双腔内各有 50mm 玻璃棉(16kg/m³)，此间壁计权隔声量 R_w 亦为 57dB。

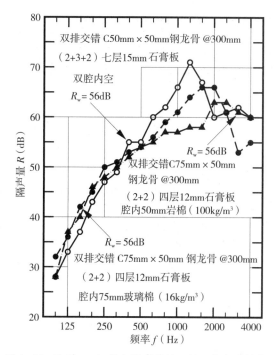

图3-45 达到56 dB计权隔声量的三例：其中两例为双排分离C75mm×50mm龙骨，交错@300mm布置，各伸入对方龙骨25mm以减少墙体厚度，加上（2+2）四层石膏板后总厚度为150mm，腔内有棉，75mm厚玻棉（16kg/m³）或50mm厚岩棉（100kg/m³）轻墙的计权隔声量 R_w 均为56dB。其三为双排分离C50mm×50mm龙骨交错@300mm布置，（2+3+2）七层15mm石膏板，腔内空，此间壁计权隔声量 R_w 亦为56dB。

量并无改进（见图3-42）。图3-43、图3-44和图3-45分别为双排分离轻钢龙骨不同构造时隔声量分别达到58dB、57dB和56dB的几个实例。

五、石膏板层数对间壁隔声量影响

间壁隔声受石膏板的影响，除了材质之外，还有它的厚度和层数，尤其要注意板材在某些频段会出现隔声量突然下降的所谓吻合低谷。双层石膏板分立龙骨两侧的隔声效果，又会超越同等重量按质量加倍而上升6dB（质量定律）的单墙，它随频率的变化是复杂的。可因龙骨、空腔、板材以及构造

上的不同而异。这里先从最常用的单排龙骨谈起。

板材重量问题可简单地通过增加板材层数来解决。我国现行生产的石膏板厚度有9mm、12mm、15mm等，常用的12mm石膏板面密度约10kg/m²。图3-46所示两组实验结果中，各由轻钢龙骨石膏板（1+1）双层、（1+2）三层和（2+2）四层板材组成间壁的隔声量－频率曲线。图中（a）为空腔内没有吸声材料，图（b）为腔内50mm厚岩棉。图3-47是防火板，腔内75mm厚玻璃棉。上述三组结果表明，在相同C75mm×50mm轻钢龙骨情况下，间壁单面每增加一层板，大致可使计权隔声量 R_w 提升2-3dB，而间壁双面各增加一层板，可使计权隔声量 R_w 提升4-5dB。

综合C50mm×50mm、C75mm×50mm、C100mm×50mm单排、双排轻钢龙骨，空腔内无棉、腔内有玻璃棉或岩棉等不同条件组合的间壁，不同层数石膏板隔声量的比较，可见表3-4、表3-5和表3-6。以单排轻钢龙骨石膏板而言，腔内空或有吸声棉的间壁隔声量随板材层数递增。大致上每增加一层12mm石膏板，间壁计权隔声量 R_w 约递增2dB（此项经验限于四层板以下），而腔内填棉品种（超细玻璃棉或岩棉）及厚度不同，对间壁隔声量亦有不同程度影响。表3-5和表3-6资料显示：C75mm×50mm和C50mm×50mm不同龙骨和板材组合间壁的隔声效果，也会有少许出入，可参照实验资料来定。墙的厚度简单地可由龙骨及板材层数合计而得。

从下面三个表列的有限资料可知，三种常用龙骨（C50mm×50mm，C75mm×50mm和C100mm×50mm）下，2+2四层12mm石

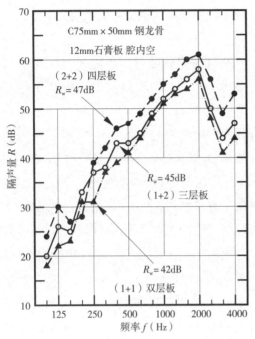

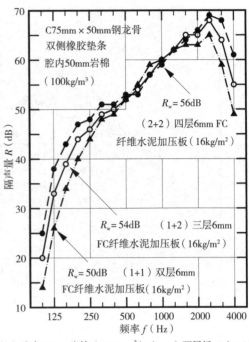

（a）腔内空，（1+1）两层板，（1+2）三层板和（2+2）四层板间壁的计权隔声量 R_w 分别为 42dB，45dB 和 47dB

（b）腔内 50mm 岩棉（100kg/m³）（1+1）两层板，（1+2）三层板和（2+2）四层板间壁的计权隔声量 R_w 分别为 46dB、48dB 和 50dB

图 3-46　C75mm×50mm 轻钢龙骨，（1+1）两层、（1+2）三层和（2+2）四层 12mm 厚石膏板间壁，腔内空和腔内 50mm 岩棉的隔声量比较。

膏板间壁的隔声量，腔内设置 25mm 厚吸声棉（任一品种）后均可达 50dB。如采用较厚吸声棉，间壁隔声量可达 55dB 和 57dB，足以满足中、高档居住建筑分户间壁的隔声要求。

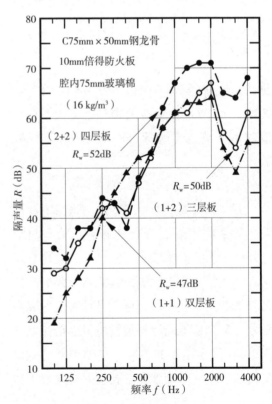

图 3-47　C75mm×50mm 轻钢龙骨，三种不同层数@ 10mm 厚防火板间壁的隔声量比较。腔内 75mm 玻璃棉（16kg/m³）。（1+1）两层板，（1+2）三层板和（2+2）四层板的计权隔声量 R_w 分别为 47dB、50B 和 52dB。

表 3-4　单排轻钢龙骨间壁隔声量 R_w

	C75×50 轻钢龙骨 @600 中					C50×50 轻钢龙骨 @600 中	C100×50 轻钢龙骨 @600 中
	腔内空（无棉）	腔内超细玻璃棉			腔内岩棉	25mm 厚 20kg/m³	50mm 厚 16kg/m³
		25mm 厚 20kg/m³	50mm 厚 28kg/m³	75mm 厚 16kg/m³	50mm 厚 100kg/m³		
（1+1）双层板	42	—	42	45	46	—	—
（1+2）三层板	45	—	—	52	48	—	—
（2+2）四层板	47	50	57	57	50	50	55

表 3-5　双排分离 C75×50 轻钢龙骨间壁的隔声量 R_w

吸声材料	（2+2）四层 @13mm 石膏板			（2+1+2）五层 @13mm 石膏板
	腔内空	单层岩棉 100kg/m³	单层玻棉 16kg/m³	双层玻璃棉 16kg/m³
		50mm 厚	75mm 厚	50mm 厚
墙厚（mm）	198	198	150	148	205
R_w（dB）	53	58	56	56	59

表 3-6　双排分离 C50×50 轻钢龙骨间壁的隔声量 R_w（dB）

吸声材料	（2+2）四层 @13mm 石膏板		（2+1+2）五层 @13mm 石膏板		（2+3+2）七层 @13mm 石膏板	
	双层玻棉 16kg/m³ 棉		双层玻璃棉 16kg/m³	双层玻璃棉 28kg/m³	腔内空	双层玻璃棉 20kg/m³
	50mm 厚	50mm 厚	50mm 厚	25mm 厚		25mm 厚
墙厚（mm）	160	160	170	170	205	205
R_w（dB）	60	59	58	59	56	59

　　在我们接受委托构件隔声测试的双排分离龙骨间壁测试记录中，有多于四层板的间壁，乃至七层（2+3+2）之多，计权隔声量（R_w）分别为 56dB 和 59dB，见表 3-5 和图 3-48。对于（2+2）四层石膏板间壁的双排 C50mm×50 龙骨之间留有空隙 12mm 或是嵌入一层 12mm 石膏板（成为 2＋1＋2 五层间壁）的计权隔声量 R_w，也都达到了 59～60dB 高值，见图 3-49。与上述七层板的隔声效果相当。可见除非有其他要求（如防火），一般情况下没有必要做很多层数的面板。例如嵌入一层 12mm 石膏板成为（2＋1＋2）五层间壁，乃至（2＋3＋2）七层间壁。至于双排分离 C75mm×50 龙骨的（2+2）四层板间壁，即使腔内空的计权隔声量 R_w 也可达 53dB。腔内双排龙骨交错伸入对方的布局可减薄墙体，它们的计权隔声量 R_w 也可达 58～60dB，如图 3-50 和图 3-51 所示。

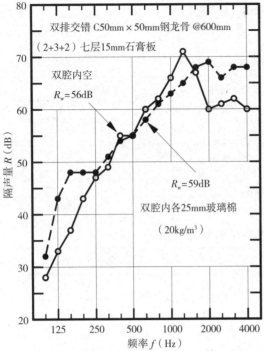

图3.48 （2+3+2）七层15mm 石膏板，双排 C5mm×50mm 轻钢龙骨间壁的隔声量。腔内空，计权隔声量 R_w 为56dB。双腔内各有25mm 玻璃棉（16kg/m³），计权隔声量 R_w 为59dB。

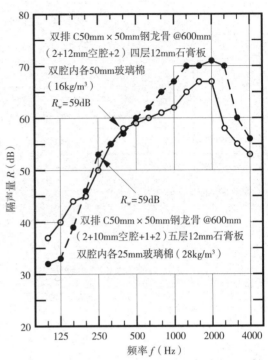

图3-49 双排 C50mm×50mm 轻钢龙骨 @600mm 中，（2+2）四层12mm 石膏板和（2+3）五层12mm 石膏板，双腔内各25mm 玻璃棉和50mm 玻璃棉的计权隔声量 R_w 均为59dB。

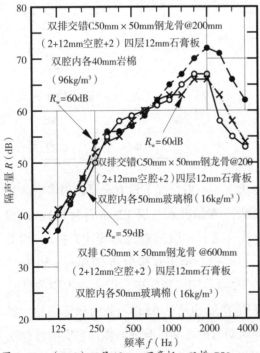

图3-50 （2+2）四层12mm 石膏板，双排 C50mm×50mm 轻钢龙骨（@600 中）留出空隙12mm，腔内分别40mm 厚岩棉（96kg/m³）和50mm 厚玻棉（16kg/m³）的计权隔声量 R_w 分别达到59dB和60dB。

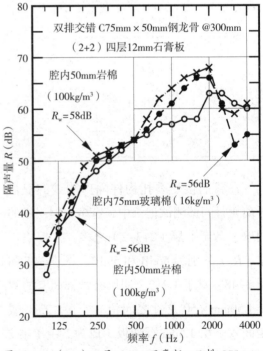

图3-51 （2+2）四层12mm 石膏板，双排 C75mm×50mm 轻钢交错龙骨（@600 中）腔内有75mm 玻棉，（16kg/m³）或50mm 岩棉（100kg/m³），墙厚148mm 的计权隔声量 R_w 均为56dB，同样腔内50mm 岩棉（100kg/m³），但墙厚198mm 时，R_w 达到58dB。

六、壁腔内吸声填料的作用

双层间壁空腔内设置多孔性吸声材料后，腔内各种振动模式将受到不同程度的阻尼影响，使其振幅有所下降，间壁隔声量也由此提高。这与腔体尺寸、吸声材料的吸声特性（含容重、空隙率、流阻和厚度等）有关，对不同板材组合的间壁，效果也不完全相同。此外，鉴于龙骨的中心间距一般取400mm或600mm，板间空腔的厚度通常取决于龙骨高度，一般为75mm（±25mm范围）。腔内吸声材料除按腔体满铺外，更多的是按材料产品而定，常见的厚度25mm或50mm。又因所选材料吸声性能不同，使间壁隔声量会有所差异。此类吸声材料多半采用超细玻璃纤维棉毯（简称玻纤棉毯）或矿物纤维（岩棉）板，前者容重小，一般在20kg/m³左右，后者容重大些，在100kg/m³左右。按单位面积价格相比，后者未必高于前者。两者对间壁隔声作用还随间壁构造而异。鉴于吸声填料对间壁隔声种种不同影响，较为复杂，通常依靠实验结果作为参考。

早年的实验曾显示，在一个特殊隔声装置中，使两硬木板片（厚度分别选为6.4mm和3.2mm，此时板片临界频率较高（考虑在主要频段之外）。处于完全分离状态，腔内分别满铺5cm或10cm厚玻纤棉毯，对墙体隔声量的比较见图3-52（a）和（b）。同样的双层间壁（6.4mm和3.2mm硬木板，间距160mm），当腔内空和腔内周边填充两种宽度（50mm和150mm）吸声棉条，48kg/m³）时，三种不同隔声效果见图3-53，其隔声量均在理论估计范围之内。

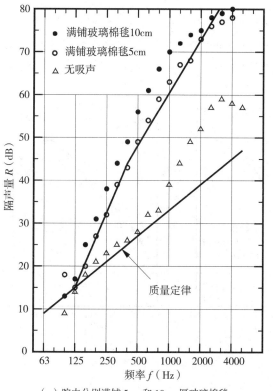

（a）腔内分别满铺5cm和10cm厚玻璃棉毯

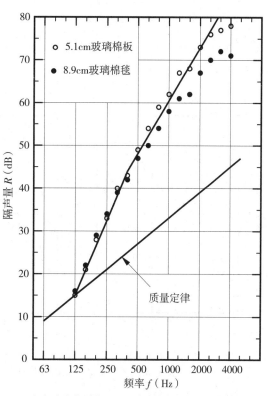

（b）腔内分别设置5cm玻璃棉毯和9cm玻璃棉板

图3-52　相同构造的双层间壁（6.4mm和3.2mm硬木板），腔内不同厚度玻璃棉毯或玻璃棉板，对双层硬木片墙体隔声量的比较。

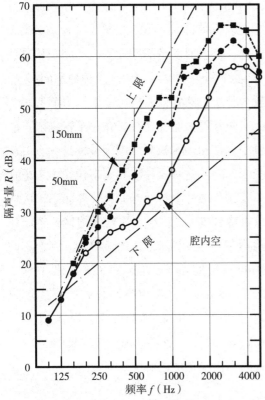

图 3-53 双层间壁（6.4mm 和 3.2mm 硬木板，间距 160mm）腔内空和腔内周边两种宽度（50mm 和 150mm）吸声棉条（48kg/m³）的不同隔声效果。大致在理论估计的上下限范围内。

腔内设置吸声材料对间壁隔声的效果受多项因素制约。以下数例定量地说明其后果。图 3-54 所示三例为不同层数石膏板间壁，在腔内无吸声与有 50mm 岩棉时隔声量的比较。可见当石膏板在 2～4 层时，双层间壁空腔内填充 50mm 厚岩棉，计权隔声量 R_w 将有 3-4dB 的增量。图 3-55 为 C50mm×50mm 轻钢龙骨，四层 12mm 石膏板，空腔内设置玻璃棉（25mm 厚，25kg/m²）前后计权隔声量 R_w 增加了 2dB。

图 3-56（a）表明在双排 C50mm×50mm 龙骨、四层 12mm 石膏板等条件均相同的情况下，腔内填充 50mm 厚玻棉（16kg/m³）和岩棉（60kg/m³）对间壁隔声效果是有些差异的，玻璃棉比岩棉容重轻，前者计权隔声量 R_w 达到了 60dB，而后者的计权隔声量 R_w 为 57dB。图 3-56（b）表明，同样的（2+2）四层 12mm 石膏板面层，在 C50mm×50mm 轻钢龙骨和腔内 25mm 玻璃棉时，与 C75mm×50mm 轻钢龙骨和腔内

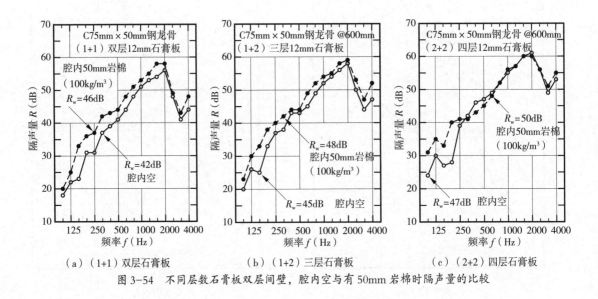

（a）（1+1）双层石膏板　　　　（b）（1+2）三层石膏板　　　　（c）（2+2）四层石膏板

图 3-54　不同层数石膏板双层间壁，腔内空与有 50mm 岩棉时隔声量的比较

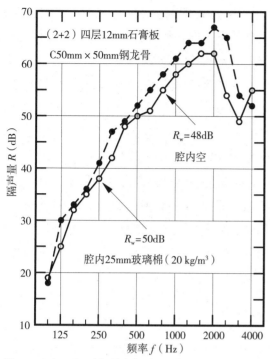

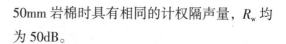

50mm 岩棉时具有相同的计权隔声量，R_w 均为 50dB。

与相同构造的单排轻钢龙骨双层墙相比，腔内设置吸声材料厚度的变化，对间壁隔声量的影响见图 3-57 所示。随着吸声材料厚度的增加，间壁隔声量也逐渐增大，有实验结果显示其增量不小。它们的计权隔声量分别由 25mm 厚吸声棉的 42dB，增至 50mm 厚吸声棉的 49dB，乃至 75mm 吸声棉的 51dB。

图 3-55　（2+2）四层石膏板间壁，腔内空与有 25mm 玻璃棉时隔声量的比较。

七、侧向传声与抑制

侧向传声是指两室之间除公共间壁外所有其他途径传声的总称。当间壁隔声量较低和（或）侧向传声途径处于相对微弱状态时，两室之间传声效果主要由间壁隔声性能所决

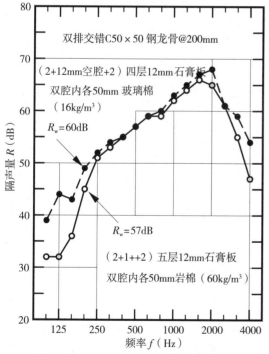

（a）双排交错 C50mm×50mm 轻钢龙骨（留空 12mm），双腔内各 50mm 岩棉时计权隔声量 R_w=57dB 双腔内各 50mm 玻璃棉时计权隔声 R_w = 60 dB

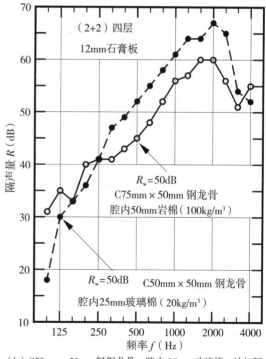

（b）C50mm×50mm 轻钢龙骨，腔内 25mm 玻璃棉，计权隔声量 R_w=50dB，C75mm×50mm 轻钢龙骨，腔内 50mm 岩棉时，计权隔声量 R_w=50dB

图 3-56　（2+2）四层 12mm 石膏板间壁，腔内设置不同吸声棉的隔声特性和计权隔声量 R_w 比较

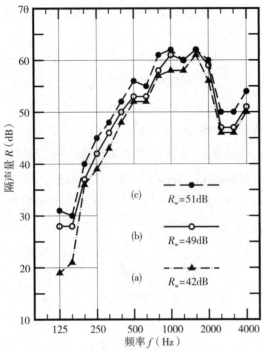

图 3-57 加大腔内吸声棉厚度，将使间壁隔声量增大。图中为 0.4mm 厚、91mm 单排轻钢龙骨，每侧各一层 13 mm 石膏板的墙体。腔内填不同厚度吸声棉时墙体的计权隔声量 R_w：

（a）吸声棉厚 25mm，R_w=42dB
（b）吸声棉厚 50mm，R_w=49dB
（c）吸声棉厚 75mm，R_w=51dB

定。如果间壁隔声量较高，侧向传声又处于主导状态，则必须对侧向传声加以抑制才能保证两室间总体隔声效果。

一般房屋构造中，间壁与周围附近其他墙体的隔声量相当或较低情况下，侧向传声的影响可以不计。通常只有间壁隔声量大于例如 50dB 时，侧向传声的影响应予注意，并采取措施以保证高隔声量间壁实现其应发挥的效果。图 3-58 所示之例，说明在构件隔声实验室一项实验结果。当一个双层构造间壁将其中另一片与之充分阻断，例如分设在两间完全脱离的隔声实验室试件洞口后，各频程声压级相差平均达 8dB 之多，按计权隔声量 R_w 计分别为 50dB 和 46dB，相差亦有 4dB 之多。这虽是一个特例，却说明高隔声量间壁设计时，必须注意和兼顾到的。例如本章第四节处理双排分离龙骨间壁的隔声性能时，试件与框架必须搭接，并受试件大

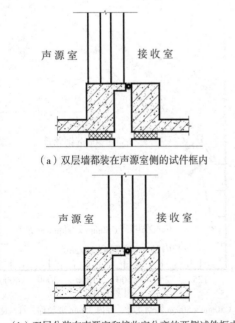

（a）双层墙都装在声源室侧的试件框内

（b）双层分装在声源室和接收室分离的两侧试件框内

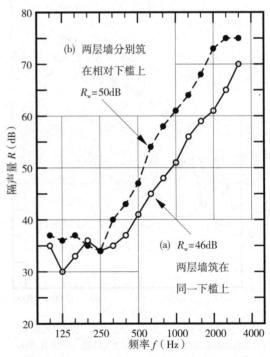

图 3-58 带空腔的双层 10cm 厚混凝土（1500kg/m³）间壁试件隔声量比较。双层分别装在分离的下槛上比之不分离同一下槛上，计权隔声量 R_w 将有 4dB 提升。

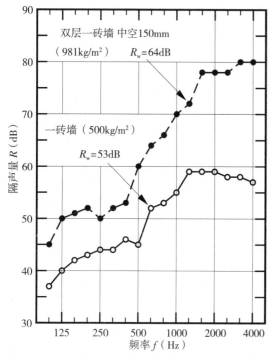

双层一砖墙 中空150mm
（981kg/m²） R_w=64dB

一砖墙（500kg/m²）
R_w=53dB

图 3-59 双层分离的两个一砖厚墙体，分筑在声源室和接收室的两个分离的试件安装洞内。在两个外侧面和一个内侧面上各有12mm厚纸筋抹灰。计权隔声量 R_w 达到64dB。比之同材料双面抹灰一砖厚墙计权隔声量53dB，提高了11dB之多。

小的不同影响等。所以该节介绍的高隔声量（尤其隔声量 R 达到60dB左右时）构件实际隔声量有可能会更高一些。

从图3-59可知，分离的双层一砖厚墙（中间空距150mm，三面抹灰各15mm厚）的计权隔声量 R 为64dB。它作为本墙体隔声测试室的大致限值范围。比单层一砖厚墙提高了11dB之多，比之质量规律递增5~6dB也高出许多，是本隔声测试室大致可测的限值。可见侧向传声在房屋隔声设计中，尤其在隔声要求较高时是必须注意的问题。否则高隔声量构件（例如隔声量高于55dB乃至58dB时）在现场实际受到旁路传声限制而达不到预期结果。此时，必须同时检验所有

旁路隔声效果是否相应，以保证间壁高隔声量的实际效果。

八、小 结

综上所述，双层复合间壁隔声设计大致可归纳如下几点简单规律。以表3-6中的C90mm轻钢龙骨、双侧各一层13mm石膏板间壁为例：我国常用轻钢龙骨翼宽50mm，在美国和加拿大则通用31mm翼宽。增加轻钢龙骨翼宽可便于石膏板上固定螺钉的操作，对间壁隔声量则没有影响。腔内填充吸声材料后隔声作用明显，与棉料的材质、容重和厚度等有关。计权隔声量 R_w 最大可提升5dB之多。翼宽尺寸相同的轻钢龙骨比之木龙骨计权隔声量 R_w 亦可提高3~5dB。轻钢龙骨计权隔声量比之木龙骨加弹性垫条还略高一点，可提升1dB。薄型轻钢龙骨加弹性垫条的隔声量提升不大，对厚型轻钢龙骨的计权隔声量 R_w 则可提升2dB。木或轻钢龙骨石膏板墙，单面增加一层石膏板可提升2dB隔声量，双面各加一层石膏板可提升4dB之多。龙骨作双排交错布置可减薄墙的厚度，又可比通常单排龙骨提升5dB。轻钢龙骨宽度和钢皮厚度对间壁隔声量都有影响，例如90mm轻钢龙骨宽度加大至150mm，隔声量 R_w 可提升3dB。龙骨钢皮厚度变化也会对间壁隔声量有明显影响，数分贝之差异是常见的。于是龙骨宽度和钢皮厚度两者变化结合一起，对间壁隔声量影响更大，超过5dB是常见的。

木龙骨或轻钢龙骨石膏板间壁的隔声量已可预估，其大致变化规律如表3-7所示。使建筑工程设计人员方便选用。

表 3-7 以 90mm 轻钢龙骨双侧（1+1）13mm 石膏板间壁为基底，局部构造改变引起隔声量的变化

90mm 轻钢龙骨石膏板（1+1）双层墙原始状态	改变的局部构造	计权隔声量 R_w（dB）变化
翼宽 30mm 龙骨	翼宽 50mm 龙骨	0
墙筋中距 600mm	中距 400mm	-1
腔内空	腔内填充玻璃棉胎	+2 ~ +5
轻钢龙骨	木龙骨	-2 ~ -5
轻钢龙骨	木龙骨加弹性垫条	+1
薄型轻钢龙骨	加弹性垫条	0
厚型轻钢龙骨	加弹性垫条	+2
（1+1）石膏板	单面加一层石膏板	+2
（1+1）石膏板	双面各加一层石膏板	+4
单排龙骨正常布置	双排龙骨交错布置	+5
C90mm 轻钢龙骨	C150mm 轻钢龙骨	+3

又如图 3-60 所示：双面（2+2）四层（12kg/m²）石膏板与龙骨组合的轻质间壁，其单位面积重量均不足 100kg/m²，而隔声效果远超墙体质量规律所示。尤以轻钢龙骨间壁的隔声量更高得多，乃至腔内填充吸声棉，计权隔声量可达 48dB 或更高，超过一砖墙的隔声量（R_w=54dB），足以应付一般住宅隔声需求，而墙体单位面积重量远比一砖厚墙体轻得多。

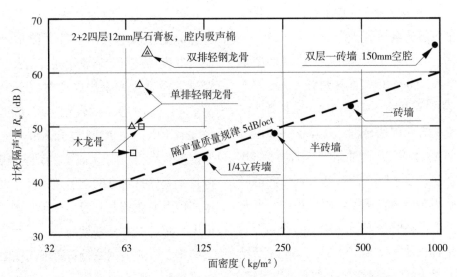

图 3-60 各种龙骨轻板间壁隔声量（以计权隔声量 R_w，dB 计）与按质量规律递增的隔声量的比较。间壁为（2+2）四层 @12mm 厚石膏板，腔内吸声。

附件一　木、轻钢龙骨石膏板间壁的计权隔声量 R_w（dB）比较

龙骨	13mm 石膏板	腔内空		腔内有棉	
		简图	R_w	简图	R_w
75×45 木龙骨 @600	（1+1）双层板		38/40dB		39/41dB
	（2+2）四层板		45dB		48dB
C75×50 轻钢龙骨 @600	（1+1）两层板		42dB		46dB
	（2+2）四层板		47dB		50dB

附件二　各种双排轻钢龙骨石膏板间壁的计权隔声量 R_w（dB）

编号	简图	构造	R_w（dB）
1	198	双排交错 C75×50 轻钢龙骨 @600 腔内空 （2+2）四层 12.7mm 石膏板	53
2	148	双排交错插入 C75×50 轻钢龙骨 @600 腔内 50 厚岩棉 100kg/m³ 或 75 厚玻璃棉 16kg/m³ （2+2）四层 12.7mm 石膏板	56/56
3	198	双排交错 C75×50 轻钢龙骨 @600 腔内 50 厚岩棉 100kg/m³ （2+2）四层 12.7mm 石膏板	58
4	160	双排对齐 C50×50 轻钢龙骨 @600 腔内 50 厚玻璃棉 16kg/m³ （2+2）四层 12.7mm 石膏板或（2+1+2）五层 12m 石膏板	59/59
5	210	双排交错 C75×50 轻钢龙骨 @400 腔内双层 50 厚玻璃棉 16kg/m³ （2+1+2）五层 12.7mm 石膏板	60
6	160	双排交错 C5×50 轻钢龙骨 @400 腔内双层 40 厚岩棉 96kg/m³ 或 50 厚玻璃棉 16kg/m³ （2+2）四层 12.7m 石膏板	60/60

附件二说明：

1. （2+2）四层 @12.7mm 石膏板墙腔内空，C75×50 双排轻钢龙骨墙比单排 C75×50 轻钢龙骨墙（见附录一）的计权隔声量 R_w 分别为 47dB 和 53dB，两者相差 6dB。

2. 墙体构造同 1 [（2+2）四层 @12.7mm 石膏板墙]，腔内有棉时 C75×50 双排轻钢龙骨墙比单排 C75×50 轻钢龙骨墙的计权隔声量 R_w 分别为 50dB 和 56dB，两者相差 6dB。

3. （2+2）四层 @12.7mm 石膏板墙，C75×50 双排轻钢龙骨，腔内空与有棉的计权隔声量 R_w 分别为 53dB 和 58dB，两者相差 5dB。

4. （2+2）四层 @12.7mm 石膏板墙，腔内双层 40mm 厚岩棉（96kg/m²）或 50mm 厚玻棉（16kg/m²），C75×50 和 C50×50 两种双排轻钢龙骨的计权隔声量 R_w 均为 60dB，但 C50×50 龙骨墙的总厚度仅 160mm，比 C75×50 龙骨墙总厚度 210mm 减薄了 50mm，龙骨用钢量也少了，但适用房间的层高不及后者。

5. 第 4 栏中，（2+2）四层板和（2+1+2）五层板 @12.7mm 石膏板墙的计权隔声量 R_w 均为 59dB。从隔声效果看中间一层石膏板可省去，除非防火效果上有此要求。

6. 第 4、5 和 6 栏中所列双排轻钢龙骨是脱开的，其间留有 12mm 空隙。

第四章　间壁隔声实验与评估

房屋间壁的隔声性能受到多项物理参量交错影响，其实际效果往往难以确切估算，尤其对于双层间壁，隔声性能随龙骨、板材、腔体及填充吸声棉料等组合不同而异，既有材质上的差异，又有构造上的变化，使组成间壁的隔声量难以预计。实际应用中常要依靠实验结果进行评估和比对。本章将间壁隔声实验中一些基本问题，作一介绍和讨论。

作为工程实践，还要考虑到相关法规的制约，注意必须遵照强制性执行的条文。有的由于当前条件尚不成熟，暂无定量化规定。我们要以发展眼光对待之。

一、间壁隔声实验设施基本要求

为了验证间壁隔声测试结果的有效性，不同实验室的测试结果又能相互可比，对实验设施应具备一些共同的基本技术要求。兹作一简介。

1. 测试室的容积

作为间壁隔声测试室原则上应与实际常用的容积相仿，实验声场又应具有较扩散的条件。容积低限与测试频率下限范围有关。在大的房间中，被激发的低频较多，使声场较为扩散而均匀，以保证测定的有效频率可低一些。但较大空间会导致室内反射声程较长，导致因空气吸收引起高频声场的不均匀性增大。因此实验声场要兼顾高低频的要求。再说大容积房间投资较大，是实验室建设中需要兼顾的方面。于是容积选择上通常取 150m³ 左右为宜，发声与接收两室容积又宜相差 10% 以上，以减少两室的耦合效应。上世纪早期所建隔声测试室的容积大多偏小，两室容积又很接近，影响测试结果的精度和可信度。

一些国家的标准中要求测试房间容积至少为 100m³，不仅为了改善室内简正频率的分布（数目及密度），而且有利于多个传声器测点的布局。在美国标准中，提出在 1/3 倍频程内至少要有 20 个简正振动方式的要求，故希望房间容积 $V > 4\lambda^3$。对 100Hz 来说房间容积就应大于 157m³。而有些国家标准在早年提出房间容积不小于 50m³ 的要求，而且沿用了多年。经由长期工作经验得知，此容积下的低频声场扩散不够。这是历史遗留问题，一时改不了。于是新建测试室在容积选择上应予注意，尤其接收室容积不宜小于 150m³，两室容积（或线性尺度）应至少相差 10%，以避免两室简正频率通过试件振动方式的耦合而使隔声量降低。图 4-1 所示为容积不等和相等两室测定的墙体构件隔声量比较，其差别非常明显。在容积不等两室测定的墙体构件隔声量，与室内加装扩散体后的结果则相仿。可见较小容积隔声室测试，使测定结果受到声场扩散程度的影响非常明显。

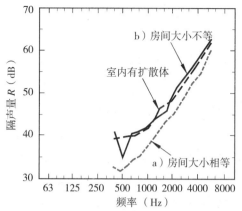

图4-1 35cm厚混凝土墙隔声量实验结果说明，声源室和接收室两房间大小是否相等，和设置扩散体对隔声量测定值的影响相比较

但也有实验结果说明，如果声源和接受两室虽相同，但均增加了室内吸收，同样会减少上述的耦合效应，使构件隔声测量值有所增加。本书所列同济大学隔声实验室建于1957年，当初没有意识到这个问题。两室容积均选为100m³左右，相差不足5%。于是建成后，在室内挂置扩散板以改善声场条件。

2. 测试室形状

隔声测试实验室形状一般未作限制。不规则形状房间固然有助于声场扩散，但经验证明矩形房间亦属可用，并有节省建筑空间的利用和构造方便之优点。早年在欧洲已建的许多隔声测试实验室几乎都是矩形的。只是近年新建的实验室，出现了一些不规则形测试室，以利于获得扩散声场。

3. 测试室的比例和声场扩散

房间尺寸和比例决定室内简正频率的分布。矩形房间的高、长、宽比值通常成调和级数，即$1:\sqrt[3]{2}:\sqrt[3]{4}$，则可使简正频率分布比较均匀。一般说，诸尺寸中不宜有两个相

等的或成整数比的。国家标准对比例的选择亦未作严格规定。

声源和接收两室的扩散问题都很重要，以免各点测量值偏差太大，而且声波至试件的入射角难以接近无规条件。然而室内扩散声场迄今没有简单校验方法，定量指标也没有。所以即使安装扩散体也难以规定它的数量或面积等，国家标准中只提供一些指导性说明：通过实验方法确定扩散体的位置和必要数量。以达到安装更多扩散体后，试件隔声量不再受数量影响为目标。

4. 接收室的背景噪声

一般来说，声音透过试件传入接收室内任一频带的声压级，应比环境（背景）噪声级至少高出10dB。所以接收室内环境噪声直接影响到试件隔声量的可测范围。当然这和估计声源室内输出功率大小（通常中频的1/3倍频带最大声压级约可达90～100dB）和实验室内准备安装的试件隔声量有关。国家标准中提请注意的是：接收室的背景噪声级应足够低，具体数值要求就留给设计者去考虑。

5. 测试室的混响时间

短的低频混响时间实际上增加了低频段内为数较少简正频率的阻尼，于是声场与试件结构之间以及试件结构和接收室的简正波方式之间的耦合作用减弱，不因两房间尺寸只有很小差异而明显耦合。因此，房间的混响时间不宜过长。当低频混响时间超过2s时，应进行校核，观察实测隔声量是否与混响时间有关。如果有关，则室内即使已采用了扩散体，还得把房间改装，使之低频混响时间不超过2s。当然过短的混响时间也会带来声

场不扩散的后果，所以现行国家测量标准中规定不小于1s的要求。

过去在 ISO 2880（混响室内测量小噪声源所发出的声功率：宽带声源）中曾提出：为了最佳地模拟扩散声场，室内混响时间（s）应在 V/S 和 $3V/S$ 之间。V 为房间容积（m^3），S 为室内总表面积（m^2）。最低测试频率取低值，中高频可用高值。如要加装吸声体时应采用宽带吸声型的，而且均布在室内各处。也有认为混响时间的频率特性应是平直的。看来控制低频是主要的。我们的经验是，可采用 5～10cm 厚矿棉板（80～100kg/m^3）之类吸声材料，外包塑料薄膜的结构，对吸收低频很有效，而且可使所有频率的混响时间都维持在 2 秒左右。

6. 试件安装洞口

试件洞口的尺寸和构造对测得的隔声量会有影响，因此在测试规范中作了规定。

经典的墙体隔声理论是按无限大墙板考虑的，即指其尺寸远比其弯曲波长大得多的情况。至于通过有限大尺寸墙板的隔声理论，预计到如墙板尺寸加大，其低频隔声量将有所减小。在较高频段仍在临界频率以下，理论预计到墙板尺寸加大后，情况正好相反。因此，随频率变化的隔声曲线的斜率将因墙板尺寸加大而增大。在临界频率以上，隔声量与墙板尺寸无关了。

如果测试墙板的尺寸撑足测试室的宽度和高度，则声场与墙板的耦合作用将使隔声量，比装在一堵重实墙上的小墙板要低，两者相差可达 5dB。为了尽量减小各实验室之间这种差异，也为了更能代表现场实际情况，故要求试件墙尺寸和测试室同样宽和同样高，即宽度和高度做足试件孔整个墙面。

这样，既要采用较大的墙板试件，或者要求较小的测试室。当然也可把平顶与侧墙做成倾斜或展斜形式。可是不规则形体的房间，有其他方面不便之处已如上述。

做足一个墙面试件洞布置，可避免出现过深的凹龛（洞口）。否则即使测试室扩散很好，在试件墙面前的深洞口处，扩散入射条件会大受影响，甚至可能因洞口共振使隔声曲线在某些频率出现很不规则的起伏。有人做过这样的实验，说明洞口参数确实影响到墙板隔声量（见图 4-2）。此例是一个石膏板墙（10kg/m^2）装在一个实验室内，在墙一侧或两侧有或无模拟洞口时实测隔声量的变化。该声源室和接收室尺寸相同。可以看到无洞口的隔声量与墙双面存在洞口时，中高频基本相同，很低频率才有较大出入。当墙板试件仅一侧存在洞口时，所有频率的隔声量均有增加。这一结果可部分地解释为：房间与墙板试件在振动方式之间出现了耦合作用。墙板试件单侧出现洞口时，板两侧的声场简正方式不同，耦合变差，隔声量就会增大。当两侧均有洞口时，两室条件又变得相同，隔声量又降至无洞口时的数值。

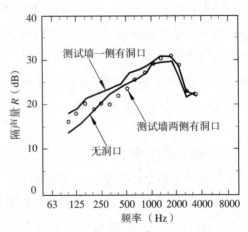

图 4-2 对石膏板墙（10kg/m^2）测量结果的比较，说明试件安装有否留出洞口带来的影响

一般房屋层高净空不会小于2.3m，所以试件的短边尺寸规定不小于2.3m。至于试件最低测试频率的自由弯曲波长小于试件最小尺寸一半时，试件才可以采用较小的尺寸。

窗、门等受试构件实际尺寸小于10m²的很多，因此试件洞口为了安装窗、门试件而要相应缩小，这时试件洞口的边框实际上为一堵面积较大的墙，其隔声量应比待测窗、门大得多，而且应进行预备实验以校核。一个分别砌筑在两室的完全分离双层墙结构是比较理想的，但将使窗、门试件洞口深度有所增加，它会带来上述深凹龛而引起的问题，也是应该注意的。

洞口有一定深度，就会出现"壁龛效应"而明显影响到隔声测量结果，因为它对墙板试件的振动和辐射效率有影响。如提高墙板试件的振动和辐射效率，隔声量趋于下降。故试件在洞口位置不同，如置于中间还是与一侧平齐，其所得测量结果也会有所不同。此时，墙板试件尺寸大小也会影响其结果。实验和理论分析表明，深的"壁龛式"洞口和缩小试件尺寸，均会使隔声量提高。如墙板试件置于"壁龛"任一端平齐，所得隔声量会有所增加。

试件装在测试洞口时。洞口的边框构造（包括用材、厚度以及有无遮挡措施等）也会影响到隔声测量结果。至于试件与洞口的连接，即试件的边缘条件对隔声量也有相当影响。有验证报告对刚性连接和弹性连接两种方式进行了实验比较，其影响对重墙和轻墙效果也不相同。边缘处的密封是防止空气声直接通过缝隙传播的重要措施，但有时不易检查出来，故最好在边缘接缝处用软性油膏或油灰等可塑性材料加封，以策保险。

7. 试件安装

安装隔墙试件的条件中，最需要注意的是对任何非直接途径的传声与通过试件传声相比，可以忽略不计。对每个实验室来说，应该作为鉴定隔声测量设施的基本性能来看待。也就是说应提供实验室表观隔声量最大值R_{max}，同时也就说明了该实验室所能进行的最高表观隔声量R'（$=R'_{max}-10dB$）有效范围为多少。

试件墙体如为混凝土或砖砌之类圬工构造，则应养护到一定干燥程度，且随当时气候条件而变，目前尚难定出指标，仅凭经验行事。如果试件采用"烘干"办法，如何检验也是问题。总之，这是值得注意但尚无明确规定的内容。

8. 声源与接受两测试室对换的比较

隔声实验室的声源与接受两室可有不同的布局：两室相同或不同，后者又有声源室取大室或小室之别。早年隔声测量结果说明它们差别不大。同济大学隔声实验室属于此类。容积都是100m³左右，两室相差约5%。当声源与接受两室互换所作隔声量测定，其结果比较见图4-3，两者基本相同。至于容积相差较大的不同两室作间壁隔声测定时，变换声源室位置所得间壁隔声量将会出现差异，这与两室声扩散条件有关。一般来说，声源处于大室可使受试间壁处于扩散声场。反之，接收处于大室，可因声场较扩散而取得均匀结果。在ISO标准中曾推荐大室作为接受空间。

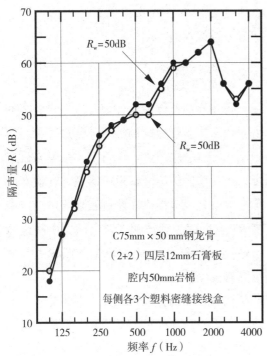

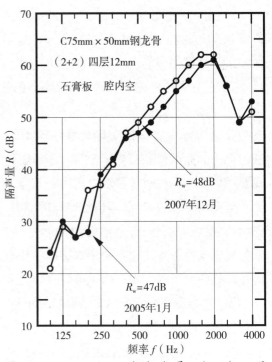

图 4-3 C75mm×50mm 轻钢龙骨、（2+2）四层 13mm 石膏板间壁，腔内 50mm 岩棉的间壁。声源与接收两室互换的隔声测定结果之比较。两者所得计权隔声量基本相同，计权隔声量 R_w 均为 50dB。

图 4-4 C75mm×50mm 轻钢龙骨、（2+2）四层 @12mm 石膏板（腔内空）在相隔三年后，所作测定结果比较：计权隔声量 R_w 分别为 47 和 48dB。

9. 抑制侧向传声的措施

墙体隔声测试套间还应尽量降低两室之间，除了试件之外任何其他侧向传声途径的声级。就墙体而言，双层相互独立的结构更能达到良好隔声效果。在两室独立基础上达到良好隔离措施较为复杂和困难。1957 年同济大学建造测试套间时，周围环境安静，也无振动源干扰。实验频率范围也仅考虑低至 100Hz 为限。于是在隔声测试两室之下，整片铺设 5cm 厚软木作垫衬。多年来未发现低频严重干扰测量事例。

近年来因声学事业发展，举凡测试精度、更低声级和频段扩展等需要，对抑制实验室侧向传声提出更高要求。例如 1999 年国际标准化组织 ISO 修订隔声测量规范时，对抑制实验室低频段噪声作了更高和其他方面要求，对高隔声性能构件测试尤其重要。这是新建隔声实验室必须注意的问题。

二、实验结果的有效性和精度

实验结果的有效性和精度是我们工作中关心的两项终极内容。有效性和精度是两个不同的概念，不可混为一谈。有效性涉及实验方法、测试设备以及操作技术熟练程度等因素。故除了仪器本身外还必须注意有关实验方面的问题。我们从测试结果中，考核了它们的再现（重复）率以说明其有效性。而精度很高的实验结果并不一定能说明它的正确性，两者不可混为一谈，因此要求分别考核。

根据我们的经验，同样构造的间壁经过相当一段时间多次测试，（我们的资料显示：相距最短为一月，最长相距五年）所得隔声量资料，其再现率或称重复率（以计权隔声量 R_w, dB 作比较）一般在 2dB（±1dB）

之内，这也是我们实验室的可控精度范围。

图4-4所示为C75mm×50mm轻钢龙骨、（2+2）四层12mm石膏板墙，腔内空无棉。相隔三年（2005年1月和2007年12月）重复两次测试结果的比较，计权隔声量 R_w 分别为47dB和48dB，相差仅1dB。

图4-5所示为C75mm×50mm轻钢龙骨、单侧弹性隔声垫条、（2+2）四层12mm石膏板墙，腔内50mm玻璃棉（16kg/m³）。相隔一月（2008年11月和12月）两次测试结果的比较，计权隔声量 R_w 均为55dB。

图4-13所示为同一种构件：C75mm×50mm轻钢龙骨、（2+2）四层@12mm石膏板，腔内50mm玻璃棉（16kg/m³），相隔5年又1个月（2005.6～2010.7）共四次测试结果的比较：计权隔声量 R_w 分别为57dB、55dB、57dB和55dB，最大相差2dB。

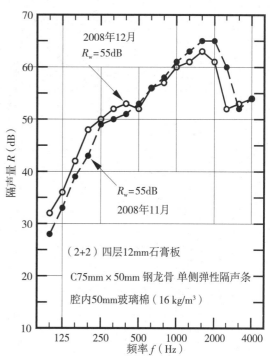

图4-5 C75mm×50mm轻钢龙骨、单侧弹性隔声垫条、（2+2）四层12mm石膏板，腔内50mm厚玻璃棉（16kg/m²）。于2008年11月和12月相隔一个月所作测定的比较：计权隔声量 R_w 均为55dB。

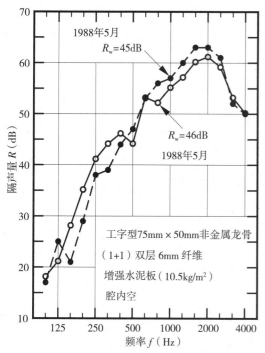

图4-6 工字形75mm×50mm非金属龙骨、（1+1）双层@6mm纤维增强水泥板（10.5kg/m²），腔内空。在1988年5月的一个月内所作两次测定的比较：计权隔声量 R_w 分别为45dB和46dB。

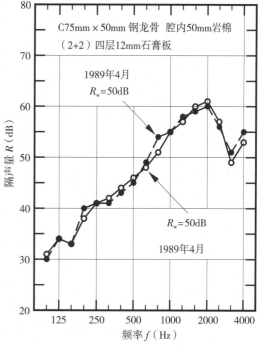

图4-7 C75mm×50mm轻钢龙骨@600mm中、（2+2）四层@12mm石膏板，腔内50mm岩棉（100kg/m³），在相隔一年半（2008年12月和2010年7月）内所作两次测定的比较：计权隔声量 R_w 均为50dB。

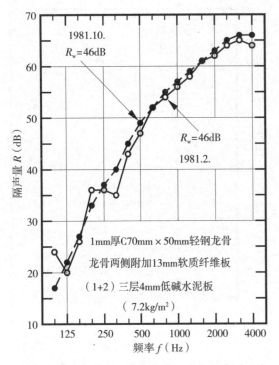

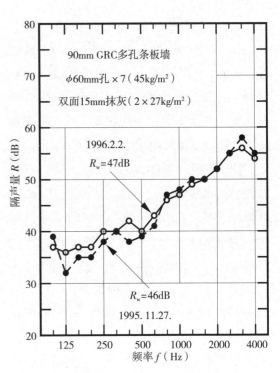

图 4-8 C70mm×50mm 轻钢龙骨 @600mm 中、(1+2) 三层 @4mm 低碱水泥板,腔内空。在 1981 年 2 月和 10 月所作两次测定的比较:计权隔声量 R_w 均为 46dB。

图 4-9 90mm 厚 GRC 多孔条板墙,ϕ60mm 孔 × 7,45kg/m²,双面 @15mm 厚抹灰(2×27kg/m²)在相隔三个月(1995 年 11 月和 1996 年 2 月)所作两次测定的比较:计权隔声量 R_w 分别为 46dB 和 47dB。

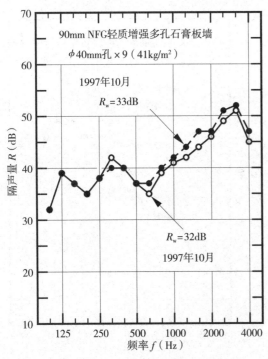

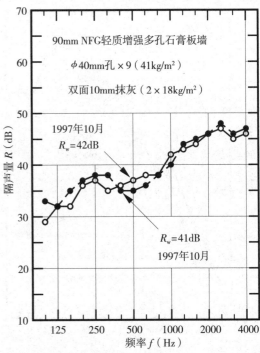

图 4-10 90m 厚 NFG 轻质增强多孔(ϕ40mm 孔 × 9)石膏板墙(41kg/m²),在一月内(1997.10)所作两次测试的比较:计权隔声量 R_w 分别为 32dB 和 33dB。

图 4-11 90mm NFG 轻质增强多孔(ϕ40mm 孔 × 9)石膏板墙(41kg/m²),双面抹灰 @ 18kg/m²。在一月内(1997.10)两次测试的比较:计权隔声量 R_w 分别为 41dB 和 42dB。

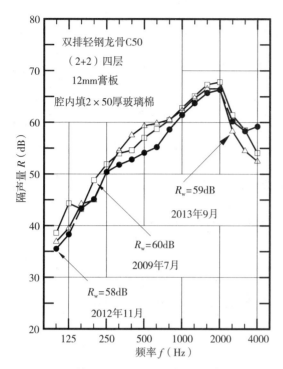

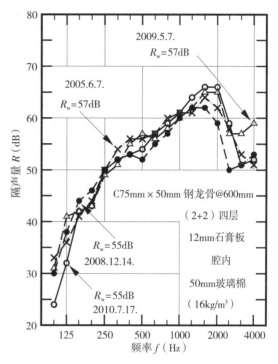

图 4-12 双排 C50mm×50mm 轻钢龙骨、(2+2) 四层 @12mm 石膏板墙（腔内双层 50mm 厚玻璃棉）在 5 年内（2009 年 7 月，2012 年 11 月和 2013 年 9 月）三次测试结果的比较：计权隔声量 R_w 分别为 60dB、58dB 和 59dB。

图 4-13　C75mm×50mm 轻钢龙骨 (2+2) 四层 @12mm 石膏板，腔内 50mm 玻璃棉（16kg/m³），相隔 5 年内四次测试结果的比较。计权隔声量 R_w 分别为：57dB（2005 年 6 月）、55dB（2008 年 12 月）、57dB（2009 年 5 月）和 55dB（2010 年 7 月）。

以上 10 例说明前后两次相隔最短一月，最长五年所作的比较。前后两次计权隔声量 R_w 相差 0dB 的 3 例，相差 1dB 的 5 例。前后三次计权隔声量 R_w 相差不超过 2dB 的

1 例。前后四次计权隔声量 R_w 相差不超过 2dB 的 1 例。它们的分布情况见表 4-1 和表 4-2。这些测试结果也进一步验证了其有效性。

表 4-1　两次测量结果比较 8 例

图 4-2-1	图 4-2-2	图 4-2-3	图 4-2-4	图 4-2-5	图 4-2-6	图 4-2-7	图 4-2-8
47 / 48dB	55 / 55dB	45 / 46dB	50 / 50dB	46 / 46dB	46 / 47dB	32 / 33dB	41 / 42dB

表 4-2　三次、四次测量结果比较各 1 例

图 4-2-9（三次）	图 4-2-10（四次）
58 / 59 / 60 dB	55 / 55 / 57 / 57 dB

图 4-14 是由六个不同送测单位对同一种轻质隔墙的隔声测试结果，以及和它们平均值的比较。此墙体为 100mm 厚钢丝网架和双面水泥砂浆（厚 25mm）的聚苯乙烯夹芯板（即泰柏板），六组墙体的计权隔声量 R_w 分别为 44dB、43dB、43dB、42dB、42dB、40dB，六组平均值 R_w 为 43dB，但六组计权隔声量之间最大相差达 4dB。这是由于送测试件单位不同，安装上也会有细微差异，使个别实验结果误差偏大。但六次测试结果中仍有 5/6（83%）测定结果在 ±1dB 之内。

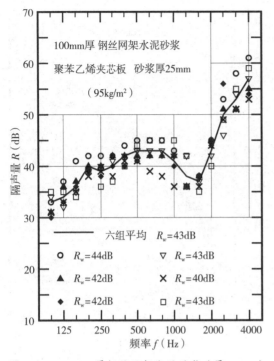

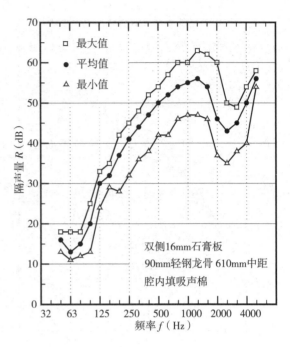

图4-14 100mm厚钢丝网架水泥砂浆（厚25mm）聚苯乙烯夹芯板（即泰柏板），不同厂家的六次产品测试件结果：R_w 分别为44dB、43dB、43dB、42dB、42dB、40dB，六组平均值为 $R_w=43$dB。

图4-15 美国石膏板公司对生产的双侧单层@16mm厚石膏板墙（90mm×30mm 轻钢龙骨，@600mm）在美国13个实验室测试结果显示：最小值、最大值和平均值的范围（2015）。

图4-15所示为美国石膏板公司（USG）在北美13家实验室送测同样轻钢龙骨、（1+1）两层12.5mm石膏板间壁，所得隔声量测试结果（2015年）。竟然出现如此大的差异，出乎一般预料。各频率隔声量最低值与最高值相差10～15dB。也许取其最高值更接近该构件实际可达隔声性能。类似情况也出现在欧洲多国24个隔声实验室所做的巡回测试比对中（见图4-16）。从所示测试结果看，单排龙骨单面12.5mm石膏板墙（图中B墙）的隔声量，中频以上相差大致均在5dB以内。对另一高隔声量构件（图中A墙：双排C55×50轻钢龙骨，间隙10mm、（2+2）四层12.5mm石膏板则出现隔声量非常大的离散，在500 Hz以上相差亦高达10dB之多。

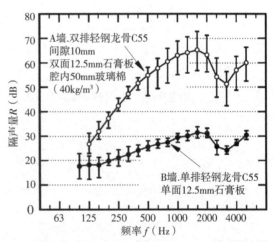

$\updownarrow\:$ 欧洲24个实验室测试值

图4-16 欧洲24个隔声实验室对两种轻钢龙骨石膏板间壁实验结果的比对。
A墙：双排C55轻钢龙骨间隙10mm，双面各两层(2+2)@12.5mm 石膏板，腔内 50mm 厚玻棉（40kg/m³）。
B墙：单排C55 轻钢龙骨，单面 12.5mm 石膏板。

鉴于墙体构件隔声测量结果受到测量条件（主要是测试室尺寸、形状和隔离措施等）不同，所引起的差异，有时此项差异还是不小的。于是不同实验室对同样构件隔声结果之间的比对引起了业界重视。除了加强对测试方法规范化的制订和执行，同时还要对引起测量误差诸项因素加以控制。于是根据各隔声测量单位对同类构件隔声量的比对中，找出差距大小，以及制订出共同执行的规范化测量方法。为此，历史上举办过多次比对研究，大多在欧洲诸多实验室之间进行。这里介绍1999年在欧洲12个实验室的一次比对情况。这是在德国物理技术标准局（PTB）组织下，联合欧洲多国隔声测试实验室进行规模较大的循环测试比对。其结果见图4.17。为了尽量减少因操作引起之误差，砌筑和测试人员以及测定用仪器均固定不变。12组隔声量曲线分别换算为计权隔声量 R_w（dB）单值结果作比较，其中9个实验室的计权隔声量 R_w 结果相差仅在1dB之内。

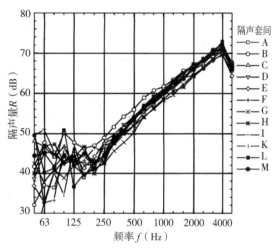

图 4-17　1999 年德国物理技术标准局（PTB）组织 12 个隔声实验室对同样砌块墙的隔声量测定结果比较

（实际净尺寸 89mm×38mm），轻钢龙骨多用 25 号（0.53mm）厚 92mm×31mm，64mm×31mm 等，与我国常用尺寸：木龙骨为 100mm×50mm 或 75mm×50mm，轻钢龙骨用 C90mm×50mm，C75mm×50mm 等等不同，厚度常用 0.5mm。两者存在少许差异。我们选了其中四例资料作了比对。

三、同济与国外实验室测试结果的比对

就国际上已发表的轻墙隔声资料而言，以上世纪 90 年代末由加拿大国立建筑研究所历时近十年的 350 件石膏板墙体隔声量资料集最为齐全。现以此（本节简称加拿大）作比对和讨论。该项实验条件为：试件尺寸 3.05m×@ 2.44m（总 7.44m²），声源室 65m³，接收室 250m³，两室分别建于弹簧隔振基础上。两室内均装有固定声扩散板。测试信号由四只独立输出信号的扬声器发出。两室各有由计算机控制的接收设施，每室取 9 个测点取平均值。测量取 50～6300Hz 每 1/3oct 的值。鉴于习惯用料尺寸与我国略有不同，如木龙骨用 90mm×40mm

【例 1】与加拿大两组 90mm×40mm 木龙骨石膏板轻墙作比较

取加拿大两组木龙骨资料为例：1a）木龙骨 90mm×40mm，@406mm，（1+1）双层 13mm 石膏板（面密度 10kg/m²），厚 90mm 吹塑纤维（4.8kg/m²），计权隔声量 R_w=38dB。1b）木龙骨 90mm×40mm@406mm，（2+2）四层 @13mm 石膏板（面密度 10kg/m²），厚 90mm 吹塑纤维（4.8kg/m²），计权隔声量 R_w=43dB。两者相差 5dB（见图 4-18）。

取同济两组木龙骨资料作为比较：E1-11 木龙骨 75mm×45mm，@600mm，（1+1）双层 @12.7mm 石膏板和 E1-14：（2+2）四层 @12.7mm 石膏板的计权隔声量 R_w 分别

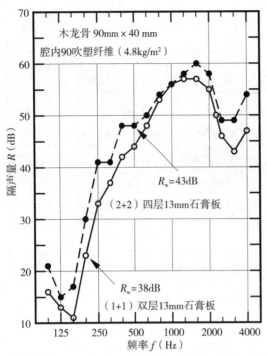

图4-18 加拿大两组：（2+2）四层板和（1+1）两层板 @13mm 石膏板间壁的计权隔声量 R_w=43dB 和 38dB，相差 5dB。木龙骨均为 90mm×40mm，腔内 90mm 厚吹塑纤维（4.8kg/m²）.

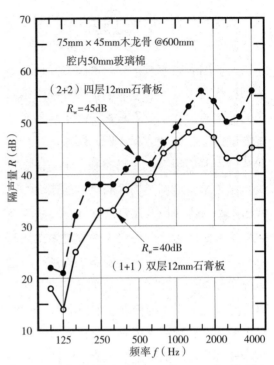

图4-19 同济两组（E1-11 和 E1-14）间壁：（2+2）四层板和（1+1）双层板 @12mm 的计权隔声量 R_w=45dB 和 40dB 两者相差 5dB。木龙骨均为 75mm×45mm @600mm，腔内 50mm 厚玻璃棉。

为 40dB 和 45dB（见图 4-19）。两者相差 5dB。这与加拿大资料两者差值相同。尽管加拿大与同济试件的木龙骨不同，中距也不同，每增加（1+1）两层石膏板的隔声量递增 5dB 效果相同。

【例2】与加拿大两组 90mm×32mm 轻钢龙骨石膏板轻墙作比较

取加拿大两组轻钢龙骨资料为例：一组的构造为 C90mm×32mm 轻钢龙骨（0.53mm 厚 @610mm），（1+1）两层 13mm 石膏板（8.3kg/m²），腔内 90mm 厚玻璃棉（1.2kg/m²），计权隔声量 R_w=46dB。另一组的构造，龙骨和腔内吸声棉同没有改变，面板为（2+2）四层 13mm 石膏板，计权隔声量 R_w=52dB。2a 和 2b 间壁计权隔声量 R_w 相差 6dB（见图 4-20）。

同济两组轻钢龙骨资料为：D1-23：

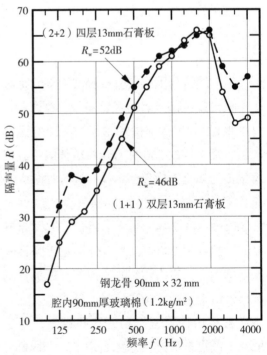

图4-20 加拿大两组轻钢龙骨 90mm×32mm @610mm，（1+1）双面单层和（2+2）双面双层间壁的计权隔声量 R_w 分别为 46dB 和 52dB。

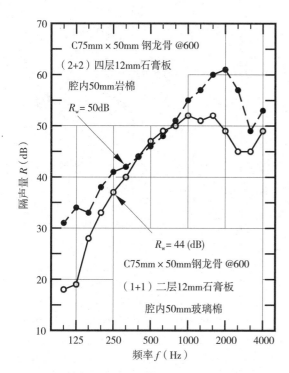

图 4-21　同济两组轻钢龙骨 C75mm×50mm@610mm 间距，（1+1）双面单层和（2+2）双面双层间壁的计权隔声量 R_w 分别为 44dB 和 50dB。

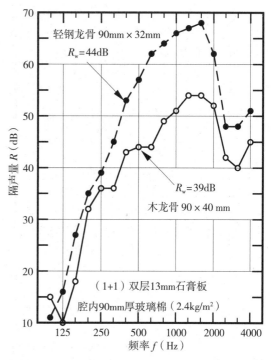

图 4-22　加拿大两组：（1+1）两层 @13mm 石膏板间壁（腔内 90mm 厚玻璃棉，2.4kg/m²）比较：木龙骨 90mm×32mm，@406mm 和轻钢龙骨 90mm×32mm @406mm，计权隔声量 R_w 分别为 39dB 和 44dB。

C75mm×55mm 轻 钢 龙 骨（1.0mm 厚，@600mm），（1+1）两层 13mm 石膏板，R_w=44dB。D1-14：（2+2）四层 13mm 石膏板，R_w=50dB。（1+1）两层板和（2+2）四层板的间壁相差 6dB（见图 4-21）。这与加拿大资料两者差值 6dB 相同。

【例3】木龙骨与轻钢龙骨作比较之一，均为（1+1）两层 @13mm 石膏板（面密度 10kg/m²）

加拿大资料：(a) 木龙骨 C90mm×40mm，@406mm，(1+1)两层 @13mm 石膏板，腔内 90mm 厚矿棉（2.4kg/m²）计权隔声量 R_w=39dB。(b)轻钢龙骨 C90mm×32mm(0.53mm 厚)，@406mm，(1+1)两层 @13mm 石膏板，腔内 90mm 厚矿棉（3.5kg/m²）。计权隔声量 R_w=44dB。木龙骨和钢龙骨间壁两者相差 5dB（见图 4-22）。

同 济 资 料：C1-06：75mm×45mm 木龙骨，腔内玻璃棉 50mm（20kg/m³），计权隔声量 R_w=40dB；D1-01：C75×50 轻钢龙骨，岩棉 50mm100kg/m³，计权隔声量 R_w=46dB。木龙骨和钢龙骨两者计权隔声量 R_w 相差 4dB（见图 4-23）。

【例4】木龙骨与轻钢龙骨作比较之二，均为（2+2）四层 @13mm 石膏板

加拿大资料：4a）木龙骨 90mm×40mm @406mm，（2+2）四层石膏板（面密度 10kg/m²），腔内 90 吹塑棉 4.8kg/m² 计权隔声量 R_w=43dB。4b）轻钢龙骨 90mm×32mm（0.53mm 厚），@406mm 中，（2+2）四层石膏板（面密度 10kg/m²），腔内 90mm 厚玻璃棉（1.1kg/m²），计权隔声量 R_w=53dB。此例中同样（2+2）四层石膏板，木龙骨和轻钢龙骨的计权隔声量 R_w 相

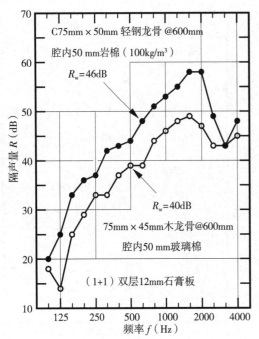

图4-23 同济两组（1+1）两层@13mm石膏板间壁：75mm×45mm木龙骨@600mm（腔内50mm玻璃棉）和C75mm×50mm轻钢龙骨@600mm（腔内50mm岩棉，100kg/m²）的计权隔声量 R_w 分别为40dB和46dB。

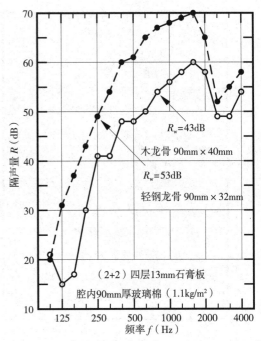

图4-24 加拿大两组（2+2）四层@13mm石膏板间壁（腔内90mm厚玻璃棉，1.1 kg/m²）：90mm×40mm木龙骨间壁的计权隔声量 R_w=43dB。90mm×32mm轻钢龙骨间壁的计权隔声量 R_w=53dB。两者相差10dB!

差10dB之多。

同济资料：E1-14）木龙骨75mm×45mm@600mm，@12mm厚石膏板间壁，腔内50mm厚玻璃棉，计权隔声量 R_w=45dB。D1-28）轻钢龙骨C75mm×50mm，腔内50mm厚玻璃棉，计权隔声量 R_w=53dB。此例中木龙骨和轻钢龙骨隔墙的计权隔声量 R_w相差8dB。

以上四例说明，同样面板组合情况下，木和轻钢龙骨间壁计权隔声量 R_w 之差值，在加拿大和同济资料中有相同之规律。加拿大数据还给出龙骨钢皮厚度和间距对间壁隔声性能有如下影响：不同钢皮厚度的龙骨和龙骨间距都会对间壁隔声性能有影响。加拿大所提供的大量数据中，石膏板不少为16mm厚，轻钢龙骨宽度为92mm，龙骨中距分别为406mm和610mm两种尺寸。根据

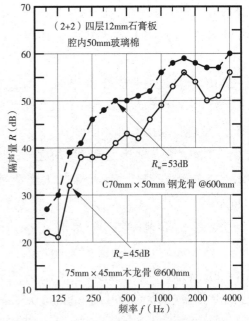

图4-25 同济两组（2+2）四层@12mm厚石膏板间壁（腔内50mm厚玻璃棉）：E1-14：75mm×45mm木龙骨@600mm间壁的计权隔声量 R_w=45dB，D2-28：C70mm×50mm轻钢龙骨@600mm间壁的计权隔声量 R_w=53dB、两者相差8dB。

其实验结果可知：

①钢皮厚度（分别选用了0.45mm、0.75mm和1.37mm三种对计权隔声量R_w都有影响。同样间壁构造中，龙骨厚0.45mm的可比其他两种厚度的计权隔声量R_w要高出4-5dB之多。

②（1+1）双层石膏板间壁，改变龙骨中距对间壁隔声量无影响。（2+2）双面双层板时，改变龙骨中距对间壁隔声有影响。中距610mm的计权隔声量R_w比中距406mm的高3dB。

③厚度1.37mm和0.75mm轻钢龙骨的中距改变，对隔声量几乎无影响。而0.45mm厚龙骨的中距改变，对隔声量则有明显影响，详见表4-3所列之比较。

表4-3 不同龙骨钢皮厚度和间距下的计权隔声量R_w（dB）（加拿大资料）

石膏板层数	龙骨钢皮厚度	龙骨间距406mm	龙骨间距610mm
四层板（2+2）	0.45mm	R_w=49dB	R_w=49dB
	0.75mm	R_w=44dB	R_w=48dB
	1.37mm	R_w=45dB	R_w=47dB
两层板（1+1）	0.45mm	R_w=44dB	R_w=43dB
	0.75mm	R_w=39dB	R_w=38dB
	1.37mm	R_w=38dB	R_w=39dB

*这里所引钢皮厚度资料由英制号数换算而得。号数越大钢皮越薄。25#钢皮厚度为0.45mm，22#钢皮厚度为0.69mm. 20#钢皮厚度为0.75mm，18#钢皮厚度为1.09mm，16#钢皮厚度为1.37mm。
**原文为美制STC，大致相当于ISO的计权隔声量R_w

表4-4 薄钢皮与厚钢皮的中频隔声量R差值（dB）（加拿大资料）

	@406mm		@610mm	
	500Hz	1000Hz	500Hz	1000Hz
1+1 双层板	10dB	8dB	5dB	7dB
2+1 三层板	8dB	7dB	6dB	5dB
2+2 四层板	6dB	6dB	5dB	5dB

加拿大这份资料还显示，对不同龙骨间距也可有很大影响。常用13mm石膏板，因龙骨间距变化，@610mm比@406mm的计权隔声量R_w可高出8~9dB之多，（1+1）双层板和（1+2）三层板大致都是如此。对16mm石膏板，龙骨间距如上变化时，（1+1）双层板的计权隔声量R_w亦有6dB之差，即@610的R_w高于@406的。对（1+2）三层板间壁亦有4dB之差。

附注：上述所采用的计权隔声量R_w计算方法，按离R_w曲线最大值不得大于8dB这一规定而得。ISO对这一规定早在上世纪末已取消了。而美国、加拿大的资料未改。

表 4-5　不同龙骨间距对间壁隔声量的影响

轻钢龙骨型号	石膏板	龙骨间距（mm）	计权隔声量 R_w（dB）	计权隔声量相差（dB）
65SS 25#（0.45mm 厚）	（1+1）双层 13mm 石膏板	@406	34.8（5 组平均）	8.4
		@610	43.2（5 组平均）	
65SS 25#（0.45mm 厚）	（1+2）三层 13mm 石膏板	@406	40（2 组平均）	9.3
		@610	49.3（4 组平均）	
65SS 25#（0.45mm 厚）	（1+1）双层 16mm 石膏板	@406	41.6（11 组平均）	6.1
		@610	47.7（3 组平均）	
65SS 25#（0.45mm 厚）	（1+2）三层 16mm 石膏板	@406	48（7 组平均）	4
		@610	52（3 组平均）	
90SS 25#（0.45mm 厚）	（1+2）三层 13mm 石膏板	@406	34.8（5 组平均）	8.4
		@610	43.2（5 组平均）	

四、国外不同实验室结果的比对经历

为了验证隔声测试结果的准确度，上世纪七十年代初，北欧首次举办国际性实验室之间比对实验，有 5 个斯堪的纳维亚国家的隔声构件实验室对两个墙体作了比对试验。其研究结果也是 ISO 140（1978）初版制定的依据。所用试件墙体有两种：木屑板墙（m=22kg/m², f_c = 720Hz）和石膏板墙（m= 41kg/m²；f_c = 570Hz）。当时原计划要对更重的墙体进行比较，以了解不同阻尼下墙体隔声量的变化情况，由于条件所限而未成。上世纪八九十年代，国际上又举行了多次实验室之间，对同样构造间壁作隔声测试结果的比对。

① 1976 年德国的 8 家实验室作了比对试验，试件为木制构造的双层窗，有六种组合方式。

② 1982 ～ 1985 在荷兰和比利时曾组织 8 家实验室作比对实验。其研究结果为荷兰爱登荷芬大学—博士论文（1986），但未在刊物发表。所用试件墙有三种：一个轻墙（m= 35kg/m²；f_c = 500Hz）；一个中等重量的砖墙（m= 225kg/m²；f_c = 240Hz）；一个重砖墙（m= 450kg/m²；f_c = 100Hz）。本次比对试验目的是研究隔声测试套间的传声影响和用传统测试方法与声强法的比较。测试工作中对试件墙的总损失因数也作了测量，结果说明其结果对隔声量有影响，尤其对重墙临界频率 f_c 之上影响明显。

③ 1985—1986 年组织了欧洲八家实验室，对双层玻璃窗（6mm/16mm 空腔/6mm）的六种组合进行了比对实验。

④ 1995–1996 年在欧共同体资助下，组织了 24 家实验室参加的比对实验。目的是检验测试结果的重复率 r 和再现率 R。所用试件有两种：双龙骨的石膏板墙（板厚 12.5 mm，743kg/m³，空腔 120mm，50mm 厚矿棉吸声层，21kg/m³）和单层石膏板单龙骨墙。参加比对试验的实验室有 24 家：德国 6 家，意大利 4 家，英国 3 家，奥地利、丹麦、荷兰各 2 家，法、匈牙利、波兰、瑞典、冰岛各 1 家。材料采购和试件安装都统

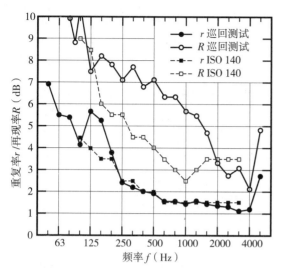

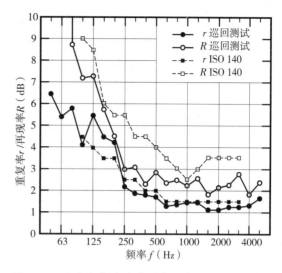

图 4-26　砌块墙在 12 个实验室作比对测试，周边作刚性连接时实验结果的重复率 r（　）和再现率 R（　）并以 ISO 140 标准所提重复率 r 和再现率 R 限值范围作比较。

图 4-27　砌块墙在 12 个实验室比对测试，周边作弹性连接时实验结果的重复率 r（　）和再现率 R（　）。并以 ISO 140 标准所提重复率 r 和再现率 R 限值范围作比较。

一指定厂家。

⑤ 1998 年组织了 12 家实验室对砌块墙进行了比对实验。其中 11 家在德国，1 家在瑞士。研究内容为总损失因数（TLF）的校正和提高准确度（重复率 r 和再现率 R）的问题。其结果综合在图 4-26 和图 4-27 中。可见试件周边固定方式影响其结果非常明显。

综上所述，可见那 30 余年间，为了提高测量结果的准确性，欧洲各国联合起来，不遗余力进行了大规模的实验室间的比对实验工作。

我们还了解到，欧共体在提高住宅隔声和如何准确地在设计阶段对建成后隔声效果进行预计这一大课题下的分项研究题目。因此我们应该注意该大课题的进展和已颁布的标准。

五、隔声设计限值评价与相关规定

我国有关隔声设计方面规范化工作起步较早，经数十年努力，在建筑隔声评价基本参量、建筑设计限值标准和检测方法与标准等方面，已积累了一些经验，并作了多次修订，初具完备的规模，日臻完备。现分建筑隔声的评价、建筑隔声限值与设计规范和检测标准三个方面来介绍

1. 建筑隔声的评价量

1988 年我国国家计划委员会公布了《建筑隔声评价标准》（GBJ 121—88），将建筑构件空气声隔绝的测量结果转换为单值评价量，便于对建筑构件隔声性能的相互比较和建筑设计者选用。它是以隔声测定的 1/3 倍频带隔声量与一系列空气声隔声的参考曲线作比较（见本书第一章 4 节介绍），其不利偏差总数尽量大但不超过 32dB。同时任一 1/3 倍频程的不利偏差不得大于 8dB 或 1 倍频程的不利偏差不得大于 5dB。所得参考曲线对应 500Hz 隔声量的数值，即称之为该构件计权隔声量 R_w，以整数 dB 计。

2004年建设部颁布了经过修编的（GB/T 50121—2005）《建筑隔声评价标准》。其中对计权隔声量 R_w 的确定方法作了一些调整，以与 ISO 717-1: 1996（我国等同采用）的规定相适应。于是在2004年新版标准中，只使用1/3倍频程测量，取消了原标准中也可使用1倍频程测量的规定。同时也取消了任何1/3倍频程不利偏差不得大于8dB的限制。于是从1988版进到2005版《建筑隔声评价标准》的另一个重要改变，是对构件隔声效果评价的表达。除了用一个在构件隔声单值评价量 R_w 之外，增设了频谱修正量 $+C$ 和 $+C_{tr}$ 两项内容。以适应不同噪声源（以户外噪声源为主）的隔声效果。于是2005年新版中引入了此两项频谱修正量，以评价同一建筑构件在不同声源情况（主要针对户外噪声）下的隔声效果。其中 C 为粉红噪声频谱修正量，C_{tr} 为交通噪声频谱修正量。两者均取负值。它们主要针对户外噪声而言。对户内间壁并不适用，亦无必要。

2. 隔声设计限值与相关规范

2010年建设部对1988版的《民用建筑隔声设计规范》（GBJ118—88）进行了修订，公布了《民用建筑隔声设计规范》（GB 50118—2010）。对住宅、学校、医院、旅馆、办公、商业六类建筑（后两类是这次新增的）提出了新的隔声标准。如对普通住宅的分户墙要求（空气声隔声单值评价量＋频谱修正量）大于45dB，即（计权隔声量＋粉红噪声频修正量）$R_w+C \geqslant 45$dB。以与2005版《建筑隔声评价标准》相配合。注意后两者隔声参量都不是针对住宅户内间壁的。

对建筑设计者更关心的是：如何在工程设计中，保证各项隔声内容从指标选定到工程设计措施得以实现。于是下列两项隔声设计规范对工程实践很是重要。

2010年公布的《民用建筑隔声设计规范》（GB 50118—2010）。它综合考虑了民用建筑的现状，对各类民用建筑的不同声学要求、社会经济和建筑声学技术发展水平等提出的各种要求。其中，第4-1-1、4-2-1、4-2-2、4-2-5条均为强制性条文，均以黑体标示，属于必须严格执行的内容。这在一般设计规范中较少出现，可见其重视。住房和城乡建设部同时宣布原《民用建筑隔声设计规范》（GB I18—88）废止。这次修订综合考虑了民用建筑的现状、人们对各类民用建筑的声学要求、社会经济和建筑声学技术的发展水平等方面. 涵盖了六大类民用建筑：住宅、学校、医院、旅馆、办公和商业类的建筑隔声设计。

该标准中提出了两项频谱修正量，分别是粉红噪声和交通噪声修正值，主要针对外墙隔声处理之用。此后不久，住房和城乡建设部和国家质量监督检验检疫总局联合公布了《住宅设计规范》（GB 50096—2011），于2012年8月1日实施。与此同时，废止了2003年公布的《住宅设计规范》（GB 50096—1999）。这是对民用建筑隔声设计规范的深化。例如对卧室、起居室（厅）内噪声级，提出了应符合安静标准的强制执行规定，以下这些原文中用黑体刊出的，属于强制性执行条款，可见其重视。公布以来十年多了，执行情况如何有待总结。

至于规范中（R_w+C）和（R_w+C_{tr}）两项主要用于外墙隔声的参量，对于住宅户内隔墙并不适用，也无必要。宜重新考虑。

GB 50096—2011规范中7-3隔声、降噪中的7-3-1条：卧室、起居室（厅）内噪

声级,应符合下列室内的等效连续声级。其中 7-3-1 条款用了黑体字以表示强制执行内容。摘录如下:

7-3-1 卧室、起居室(厅)内噪声级,应符合下列规定:

① 昼间卧室内的等效连续声级不应大于 45dB;

② 夜间卧室内的等效连续声级不应大于 37dB;

③ 起居室(厅)的等效连续声级不应大于 45dB。

7-3-2 分户墙和分户楼板的空气声隔声性能应符合下列规定:

① 分隔卧室、起居室的分户墙和分户楼板,空气声隔声评价量(R_w+C)应大于 45dB;

② 分隔住宅和非居住用途空间的楼板,空气声隔声评价量(R_w+C_{tr})应大于 51dB。

至于出现超过上述规定情况的责任方如何界定,超过限值的处置等配套执法措施都没有跟上。强制性执行条文公布已十多年了,该总结一下经验,改进工作,使工程实践受到切实约束,让房屋使用者受益。希望主其事的单位重视起来,使颁布的规范不致流于形式。

3. 隔声测量标准

所有建筑隔声规范的实施、构件隔声效果的检验均离不开建成后的隔声测定工作。早在 1982 年,我国《建筑隔声测量规范》已作为草案提出,在业内试行。1985 年在声学标准化委员会以 GBJ 75—84 规范公布实施。经过 20 年实践,2005 年又以 GBT 19889《声学 建筑和建筑构件隔声测量》公布执行。近年来,按《房屋构件隔声的实验室测量》(ISO 10140—2010 版)标准正在修订之中,亦是工程实验所急需。

工程实践结果的评定依赖完工后的测量来检定其隔声实效。此项工作可分为实验室测定和房屋现场测定,各有特点与技术要求。例如测量工作中数据精密度的确定。验证和应用在《声学 建筑和建筑构件隔声测量第二部分:数据精密度的确定、验证和应用》(GB/T 19889.2 -2005)及其附录 B 单值量的重复率 r 和再现率 R 中有详细说明和规定。其中以达到 1dB 的测量结果重复率为佳。对于单个实验室测量结果而言,再现率 R 的范围通常宜在 2dB 之内。测量工作中的准确度与数据精密度是两个不同的概念,不可混为一谈。本书读者对象以建筑工程为主,有关隔声测定中问题在此就不详细展开了。

六、小 结

间壁隔声设计除了要掌握它们的基本原理和措施外,实际使用条件下的隔声实效测定结果也是重要参考。尤其对于构造复杂的组合墙体,往往更多地依赖实验结果来确认。随着房屋隔声规范的逐步完善,使得指导房屋隔声的种种措施更臻有效。因此实践中,设计标准和规范的制定、执行和完工后的检验三个方面互有制约,层层把关才不致流于形式。

附录一　同济大学隔声实验室历年隔声测定资料 308 件

A. 砖墙与砌块墙隔声   31件
- A1：实心砖墙和空心砖墙   5件
- A2：实心砌块墙和空心砌块墙   6件
- A3：加气砌块墙和泡沫砌块墙   20件

B. 条板墙与复合板墙隔声   80件
- B1：GRC条板墙   27件
- B2：其他单层条板墙   25件
- B3：双层条板墙   8件
- B4：复合板墙   20件

C. 轻钢龙骨石膏板墙隔声   81件
- C1：单排轻钢龙骨纸面石膏板墙   25件
- C2：双排轻钢龙骨纸面石膏板墙   16件
- C3：轻钢龙骨无纸面石膏板墙   40件

D. 轻钢龙骨其他薄板墙隔声   92件
- D1：国标轻钢龙骨薄板墙   54件
- D2：非国标轻钢龙骨薄板墙   38件

E. 木龙骨和非金属龙骨薄板墙隔声   24件
- E1：木龙骨薄板墙   18件
- E2：非金属龙骨薄板墙   6件

附注：本隔声测量资料系 1957 年实验室建立以来积累的，有实验研究的结果，更有接受外界委托的大量测试项目，总计 308 件。其中部分资料在同济大学声学研究所已发表的论著中曾有引用。

序号 A1-01

频率 f（Hz）	隔声量 R（dB）
100	37
125	40
160	42
200	43
250	44
315	44
400	46
500	45
630	52
800	53
1000	55
1250	59
1600	59
2000	59
2500	58
3150	58
4000	57
R_w	**53**

12mm 抹灰（19.2kg/m²）+240mm 砖墙（462kg/m²）+12mm 抹灰（19.2kg/m²），1958.7.

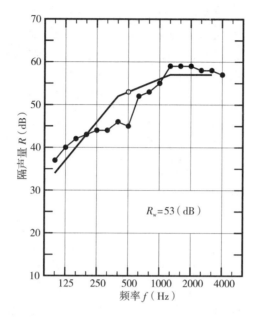

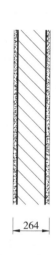

序号 A1-02

频率 f（Hz）	隔声量 R（dB）
100	45
125	50
160	51
200	52
250	50
315	52
400	53
500	60
630	64
800	66
1000	70
1250	72
1600	78
2000	78
2500	78
3150	80
4000	80
R_w	**64**

12mm 抹灰（19.2kg/m²）+240mm 砖墙（462kg/m²）+12mm 抹灰（19.2kg/m²），+150mm 空腔 +240mm 红砖墙 +12mm 抹灰（19.2kg/m²），1958.7.

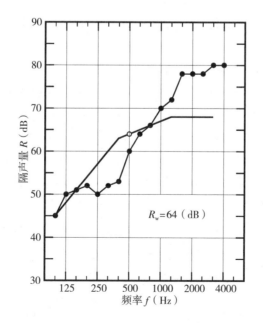

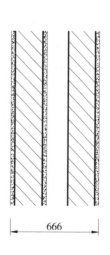

序号 A1-03

频率 f（Hz）	隔声量 R（dB）
100	
125	34
160	32
200	37
250	39
315	42
400	43
500	45
630	47
800	50
1000	52
1250	54
1600	55
2000	57
2500	57
3150	59
4000	62
R_w	**49**

10mm 粉刷（18kg/m²）+120mm 实心砖墙（226kg/m²）+10mm 粉刷（18kg/m²），2007.5.

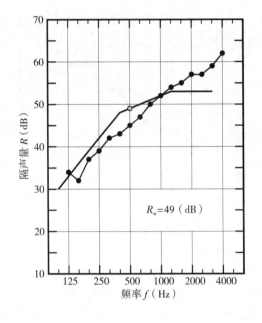

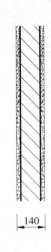

序号 A1-04

频率 f（Hz）	隔声量 R（dB）
100	
125	37
160	32
200	31
250	34
315	33
400	34
500	37
630	40
800	42
1000	44
1250	46
1600	47
2000	48
2500	47
3150	49
4000	52
R_w	**42**

10mm 粉刷（18kg/m²）+120mm 空心砖墙（117kg/m²，孔洞率45%）+10mm 粉刷（18kg/m²），2007.5.

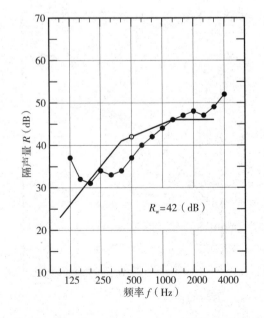

序号 A1-05

频率 f（Hz）	隔声量 R（dB）
100	39
125	41
160	42
200	44
250	41
315	42
400	43
500	44
630	43
800	42
1000	41
1250	42
1600	43
2000	46
2500	47
3150	48
4000	48
R_w	**44**

10mm 抹 灰（18kg/m²）+53mm 砖 墙（104kg/m²）+10mm 抹 灰（18kg/m²），1961.12.

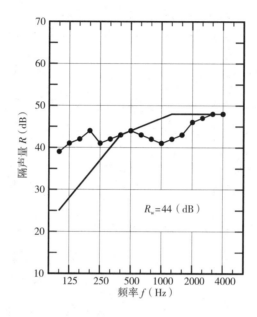

$R_w=44$（dB）

73

85

序号 A2-01

频率 f（Hz）	隔声量 R（dB）
100	31
125	30
160	34
200	37
250	30
315	34
400	32
500	31
630	33
800	33
1000	39
1250	43
1600	44
2000	46
2500	48
3150	50
4000	53
R_w	**38**

75mm 石膏砌块墙（68kg/m²），砌块规格：500mm×333mm×75mm，2005.1.

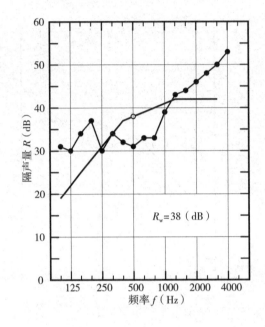

R_w=38（dB）

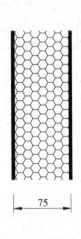

75

序号 A2-02

频率 f（Hz）	隔声量 R（dB）
100	26
125	34
160	33
200	33
250	33
315	36
400	33
500	33
630	35
800	39
1000	44
1250	46
1600	48
2000	50
2500	52
3150	53
4000	55
R_w	**41**

100mm 石膏砌块墙（90kg/m²），砌块规格：500mm×333mm×100mm，2005.1.

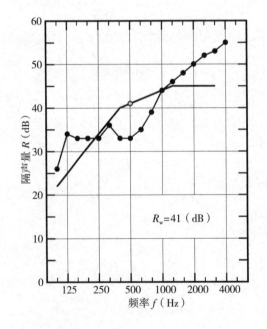

R_w=41（dB）

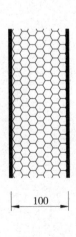

100

序号 A2–03

频率 f (Hz)	隔声量 R (dB)
100	35
125	40
160	40
200	40
250	43
315	42
400	41
500	38
630	34
800	35
1000	38
1250	40
1600	43
2000	45
2500	48
3150	49
4000	45
R_w	**41**

120mm 石膏空心砌块墙（92kg/m²），砌块规格：600mm × 300mm × 120mm，ϕ30mm 孔 × 5 × 2，1993.7.

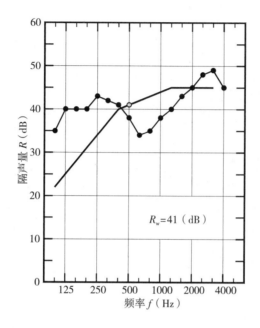

R_w=41（dB）

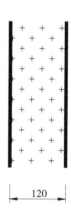

序号 A2–04

频率 f (Hz)	隔声量 R (dB)
100	35
125	36
160	33
200	34
250	33
315	37
400	36
500	38
630	41
800	45
1000	48
1250	49
1600	51
2000	53
2500	52
3150	51
4000	53
R_w	**45**

10mm 抹灰（16kg/m²）+90mm 氟石膏空心混凝土砌块墙（55kg/m²）+10mm 抹灰（16kg/m²），砌块规格：800mm × 500mm × 80mm，ϕ50mm 孔 × 7，1993.7.

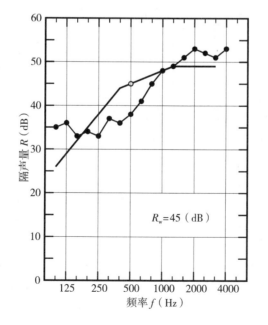

R_w=45（dB）

序号 A2-05

频率 f（Hz）	隔声量 R（dB）
100	33
125	38
160	37
200	33
250	37
315	37
400	37
500	37
630	40
800	43
1000	46
1250	48
1600	52
2000	51
2500	51
3150	56
4000	56
R_w	**44**

10mm 抹灰（16kg/m²）+90mm 珍珠岩空心砌块墙（54kg/m²）+10mm 抹灰（16kg/m²），砌块规格：390mm×190mm×90mm，孔隙率29%，1994.8.

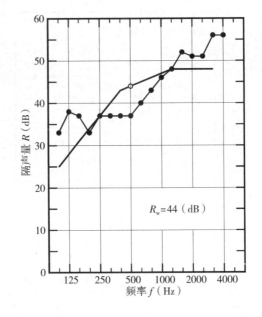

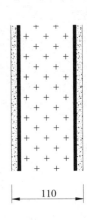

序号 A2-06

频率 f（Hz）	隔声量 R（dB）
100	33
125	29
160	31
200	33
250	32
315	34
400	34
500	33
630	37
800	40
1000	41
1250	43
1600	44
2000	46
2500	48
3150	48
4000	49
R_w	**40**

5mm 抹灰（8kg/m²）+90mm 水泥粉煤灰空心砌块墙（56kg/m²）+5mm 抹灰（8kg/m²），砌块规格：800mm×500mm×90mm，ϕ60mm 孔 ×6，1995.12.

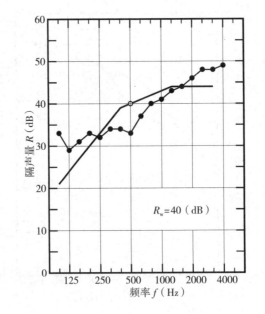

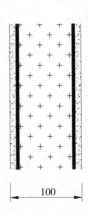

序号 A3-01

频率 f（Hz）	隔声量 R（dB）
100	31
125	33
160	34
200	34
250	34
315	32
400	36
500	34
630	36
800	39
1000	42
1250	43
1600	45
2000	45
2500	48
3150	50
4000	50
R_w	**41**

150mm 伊通加气混凝土砌块墙（75kg/m²），砌块规格：600mm×450mm×150mm，1998.6.

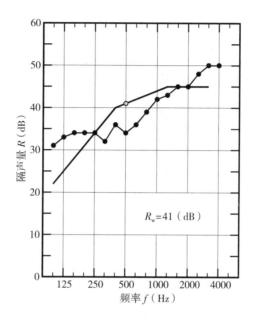

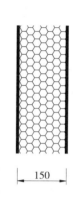

序号 A3-02

频率 f（Hz）	隔声量 R（dB）
100	26
125	31
160	33
200	32
250	35
315	34
400	38
500	34
630	37
800	39
1000	43
1250	43
1600	44
2000	45
2500	47
3150	49
4000	49
R_w	**41**

15mm 抹灰（27kg/m²）+150mm 伊通加气混凝土砌块墙（75kg/m²）+15mm 抹灰（27kg/m²），砌块规格：600mm×450mm×150mm，1998.6.

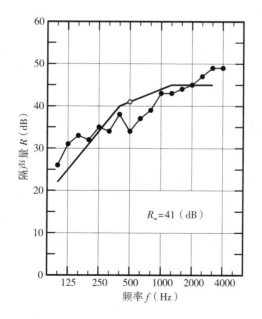

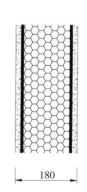

序号 A3-03

频率 f（Hz）	隔声量 R（dB）
100	35
125	32
160	35
200	38
250	41
315	41
400	43
500	43
630	43
800	47
1000	48
1250	48
1600	49
2000	49
2500	51
3150	50
4000	49
R_w	**47**

10mm 抹灰（18kg/m²）+1.5mm G-F 抹灰 +150mm 伊通加气混凝土砌块墙（75kg/m²）+1.5mm G-F 抹灰 +10mm 抹灰（18kg/m²），砌块规格：600mm×450mm×150mm，1998.6.

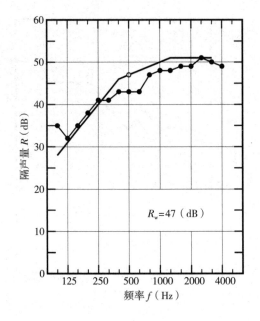

R_w=47（dB）

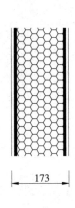

序号 A3-04

频率 f（Hz）	隔声量 R（dB）
100	32
125	33
160	35
200	34
250	36
315	36
400	36
500	37
630	41
800	43
1000	44
1250	46
1600	47
2000	48
2500	49
3150	49
4000	47
R_w	**44**

200mm 伊通加气混凝土砌块墙（100kg/m²），砌块规格：600mm×250mm×200mm，1998.9.

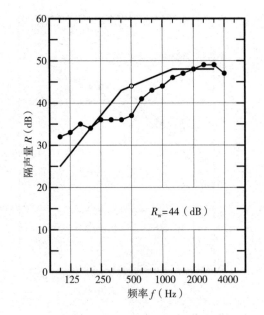

R_w=44（dB）

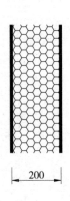

序号 A3–05

频率 f（Hz）	隔声量 R（dB）
100	33
125	33
160	36
200	35
250	38
315	38
400	38
500	39
630	41
800	43
1000	43
1250	45
1600	47
2000	48
2500	48
3150	49
4000	46
R_w	**44**

1.5mm G–F 抹灰 +200mm 伊通加气混凝土砌块墙（100kg/m²）+1.5mm G–F 抹灰，砌块规格：600mm×250mm×200mm，1998.9.

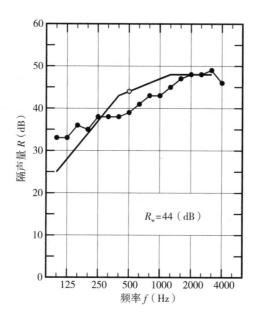

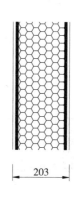

203

序号 A3–06

频率 f（Hz）	隔声量 R（dB）
100	35
125	38
160	38
200	39
250	33
315	45
400	44
500	42
630	43
800	45
1000	45
1250	48
1600	48
2000	51
2500	49
3150	48
4000	49
R_w	**47**

10mm 抹灰（18kg/m²）+200mm 伊通加气混凝土砌块墙（100kg/m²）+10mm 抹灰（18kg/m²），砌块规格：600mm×250mm×200mm，1998.9.

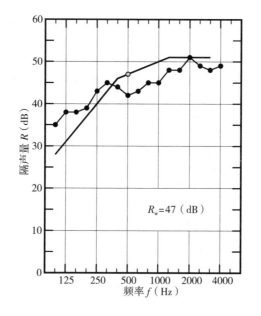

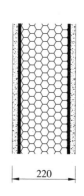

220

序号 A3-07

频率 f（Hz）	隔声量 R（dB）
100	38
125	38
160	42
200	42
250	44
315	**44**
400	44
500	45
630	48
800	47
1000	49
1250	50
1600	51
2000	51
2500	49
3150	51
4000	52
R_w	**49**

20mm 抹灰（36kg/m²）+200mm 伊通加气混凝土砌块墙（100kg/m²）+20mm 抹灰（36kg/m²），砌块规格：600mm×250mm×200mm，1998.9.

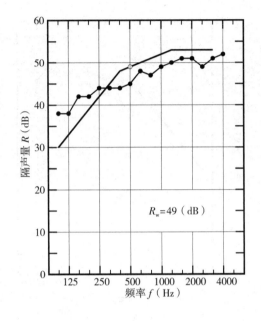

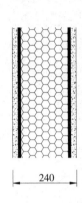

序号 A3-08

频率 f（Hz）	隔声量 R（dB）
100	37
125	38
160	37
200	41
250	43
315	44
400	42
500	42
630	43
800	45
1000	45
1250	47
1600	48
2000	50
2500	48
3150	47
4000	49
R_w	**46**

200mm 伊通加气混凝土砌块墙（100kg/m²），墙体浇水，砌块规格：600mm×250mm×200mm，1998.9.

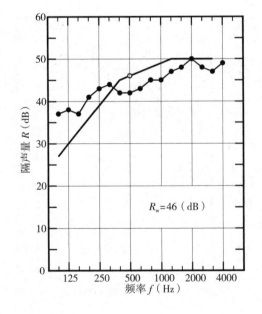

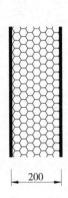

序号 A3-09

频率 f（Hz）	隔声量 R（dB）
100	38
125	39
160	41
200	44
250	44
315	45
400	46
500	45
630	50
800	53
1000	53
1250	53
1600	55
2000	56
2500	56
3150	56
4000	59
R_w	**52**

30mm 抹灰（54kg/m²）+150mm 加气混凝土砌块墙（209kg/m²）+30mm 抹灰（54kg/m²），砌块规格：600mm×240mm×150mm，1995.11.

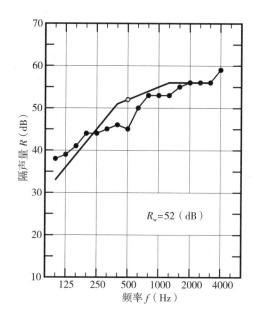

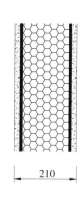

序号 A3-10

频率 f（Hz）	隔声量 R（dB）
100	38
125	38
160	38
200	37
250	40
315	41
400	41
500	41
630	43
800	47
1000	50
1250	53
1600	55
2000	57
2500	58
3150	58
4000	55
R_w	**48**

200mm 混凝土泡沫砌块墙（120kg/m²），砌块规格：600mm×240mm×200mm，2005.1.

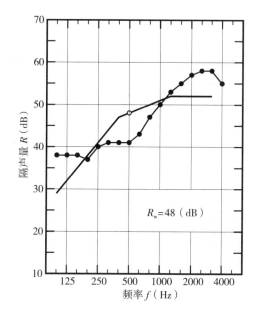

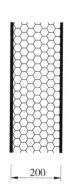

序号 A3-11

频率 f（Hz）	隔声量 R（dB）
100	32
125	32
160	33
200	36
250	39
315	39
400	40
500	40
630	44
800	44
1000	46
1250	47
1600	47
2000	49
2500	51
3150	49
4000	49
R_w	**46**

10mm 抹灰（18kg/m²）+150mm 混凝土泡沫砌块墙（189kg/m²）+10mm 抹灰（18kg/m²），砌块规格：600mm×240mm×150mm，1995.11.

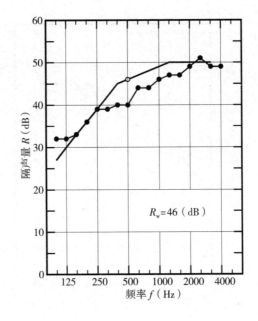

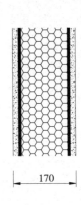

序号 A3-12

频率 f（Hz）	隔声量 R（dB）
100	34
125	34
160	35
200	38
250	41
315	41
400	42
500	42
630	46
800	46
1000	48
1250	49
1600	49
2000	51
2500	53
3150	51
4000	51
R_w	**48**

30mm 抹灰（54kg/m²）+150mm 混凝土泡沫砌块墙（189kg/m²）+30mm 抹灰（54kg/m²），砌块规格：600mm×240mm×150mm，1995.11.

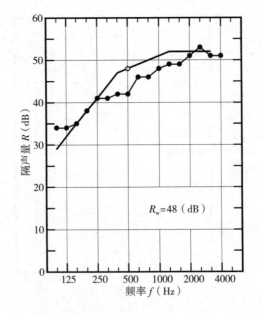

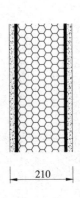

序号 A3-13

频率 f（Hz）	隔声量 R（dB）
100	30
125	32
160	31
200	32
250	35
315	34
400	33
500	32
630	32
800	35
1000	36
1250	40
1600	42
2000	44
2500	44
3150	46
4000	47
R_w	**38**

95mm 菱镁加气混凝土砌块墙（42kg/m²），砌块规格：400mm×190mm×95mm，1993.4.

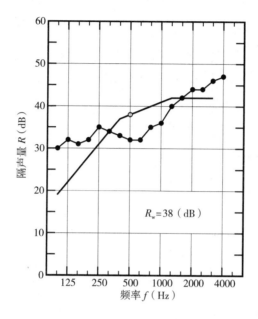

R_w=38（dB）

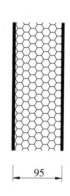

95

序号 A3-14

频率 f（Hz）	隔声量 R（dB）
100	32
125	31
160	33
200	33
250	35
315	36
400	35
500	35
630	39
800	41
1000	44
1250	47
1600	48
2000	49
2500	51
3150	52
4000	53
R_w	**42**

10mm 抹灰（18kg/m²）+95mm 菱镁加气混凝土砌块墙（42kg/m²）+10mm 抹灰（18kg/m²），砌块规格：400mm×190mm×95mm，1993.4.

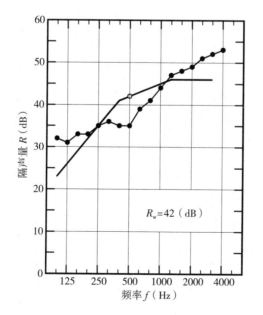

R_w=42（dB）

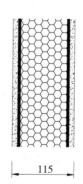

115

序号 A3–15

频率 f（Hz）	隔声量 R（dB）
100	32
125	35
160	35
200	36
250	40
315	42
400	41
500	41
630	45
800	47
1000	49
1250	49
1600	49
2000	51
2500	53
3150	54
4000	55
R_w	**47**

10mm 抹灰（18kg/m²）+190mm 菱镁加气混凝土砌块墙（84kg/m²）+10mm 抹灰（18kg/m²），砌块规格：400mm×95mm×190mm，1993.4.

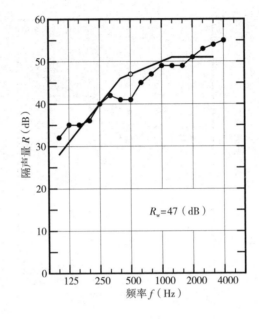

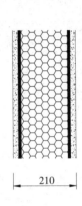

序号 A3–16

频率 f（Hz）	隔声量 R（dB）
100	33
125	33
160	34
200	35
250	31
315	39
400	39
500	40
630	41
800	42
1000	44
1250	43
1600	45
2000	46
2500	47
3150	48
4000	47
R_w	**43**

20mm 抹灰（36kg/m²）+90mm 聚苯乙烯泡粒骨料混凝土砌块墙（90kg/m²）+20mm 抹灰（36kg/m²），2005.1.

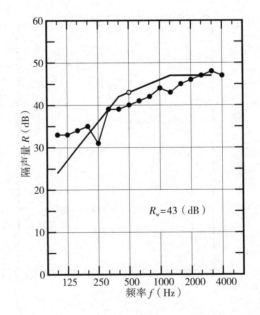

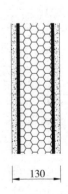

序号 A3-17

频率 f(Hz)	隔声量 R(dB)
100	34
125	34
160	34
200	36
250	37
315	34
400	35
500	36
630	41
800	43
1000	45
1250	47
1600	49
2000	49
2500	52
3150	52
4000	53
R_w	**44**

120mm 加气硅酸盐砌块墙（110kg/m²）+15mm 抹灰（27kg/m²），1979.1.

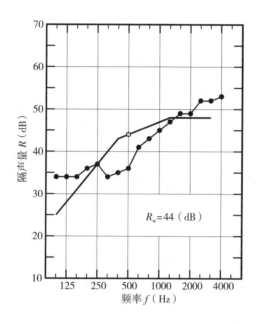

序号 A3-18

频率 f(Hz)	隔声量 R(dB)
100	31
125	36
160	40
200	44
250	44
315	44
400	45
500	46
630	49
800	52
1000	55
1250	58
1600	60
2000	61
2500	64
3150	64
4000	64
R_w	**52**

15mm 抹灰（27kg/m²）+25mm 木丝板（35kg/m²）+ 油毡一层 +120mm 加气硅酸盐砌块墙（110kg/m²）+15mm 抹灰（27kg/m²），1979.1.

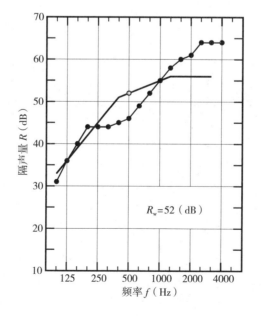

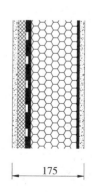

序号 A3–19

频率 f（Hz）	隔声量 R（dB）
100	24
125	31
160	30
200	32
250	36
315	36
400	34
500	34
630	38
800	41
1000	45
1250	47
1600	48
2000	49
2500	50
3150	52
4000	53
R_w	**42**

5mm 伊通抗裂砂浆（9kg/m²）+100mm 砂加气混凝土砌块墙（50kg/m²）+5mm 伊通抗裂砂浆（9kg/m²），2014.7.

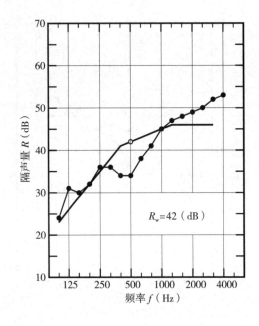

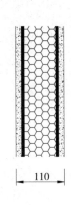

序号 A3–20

频率 f（Hz）	隔声量 R（dB）
100	33
125	32
160	36
200	37
250	39
315	37
400	39
500	42
630	46
800	48
1000	50
1250	51
1600	51
2000	54
2500	55
3150	57
4000	58
R_w	**47**

5mm 伊通抗裂砂浆（9kg/m²）+150mm 砂加气混凝土砌块墙（75kg/m²）+5mm 伊通抗裂砂浆（9kg/m²），2014.7.

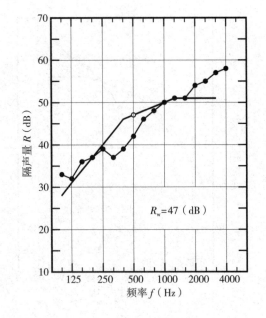

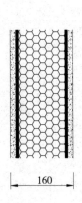

序号 B1–01

频率 f（Hz）	隔声量 R（dB）
100	28
125	32
160	30
200	31
250	29
315	31
400	31
500	32
630	31
800	32
1000	31
1250	31
1600	32
2000	33
2500	32
3150	34
4000	37
R_w	**32**

60mm GRC 多孔条板墙（34kg/m²），条板规格 2500mm×600mm×60mm，ϕ40mm 孔 ×10，1992.6.

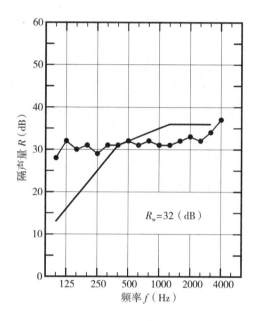

序号 B1–02

频率 f（Hz）	隔声量 R（dB）
100	27
125	38
160	34
200	36
250	33
315	34
400	34
500	34
630	33
800	35
1000	37
1250	40
1600	42
2000	45
2500	47
3150	49
4000	54
R_w	**39**

15mm 抹灰（27kg/m²）+60mm GRC 多孔条板墙（34kg/m²）+15mm 抹灰（27kg/m²），条板规格 2500mm×600mm×60mm，ϕ40mm 孔 ×10，1992.6.

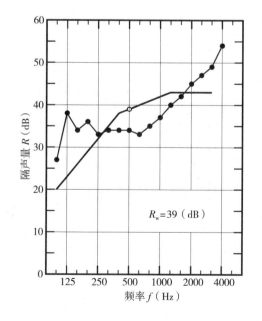

序号 B1-03

频率 f（Hz）	隔声量 R（dB）
100	24
125	34
160	27
200	29
250	28
315	28
400	28
500	30
630	31
800	32
1000	34
1250	34
1600	36
2000	38
2500	39
3150	40
4000	43
R_w	**34**

5mm107 水泥浆抹面 +60mm GRC 多孔条板墙（34kg/m²）+5mm107 水泥浆抹面，条板规格 2500mm×600mm×60mm，ϕ40mm 孔 ×10，1992.6.

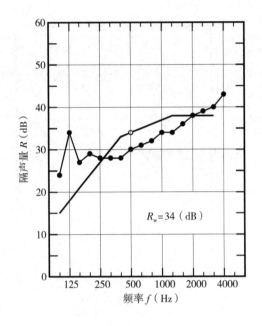

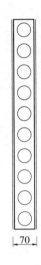

序号 B1-04

频率 f（Hz）	隔声量 R（dB）
100	31
125	37
160	35
200	38
250	38
315	39
400	40
500	40
630	40
800	41
1000	42
1250	44
1600	44
2000	44
2500	45
3150	49
4000	54
R_w	**43**

15mm 湿抹灰 +60mm GRC 多孔条板墙（34kg/m²）+15mm 湿抹灰，条板规格 2500mm×600mm×60mm，ϕ40mm 孔 ×10，1992.6.

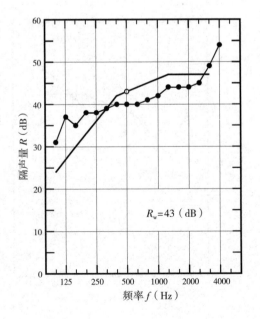

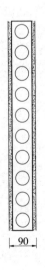

序号 B1-05

频率 f（Hz）	隔声量 R（dB）
100	28
125	30
160	30
200	33
250	32
315	33
400	36
500	33
630	30
800	30
1000	31
1250	31
1600	36
2000	38
2500	42
3150	42
4000	42
R_w	**34**

80mm GRC 多孔条板墙（38kg/m²），条板规格 2500mm×600mm×80mm，ϕ60mm孔×8，1992.8.

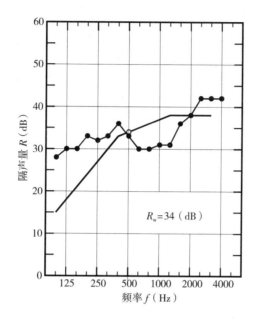 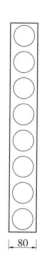

序号 B1-06

频率 f（Hz）	隔声量 R（dB）
100	22
125	33
160	28
200	29
250	27
315	29
400	29
500	30
630	32
800	31
1000	34
1250	38
1600	42
2000	44
2500	44
3150	45
4000	48
R_w	**35**

5mm 抹灰（9kg/m²）+80mm GRC 多孔条板墙（38kg/m²）+5mm 抹灰（9kg/m²），条板规格 2500mm×600mm×80mm，ϕ60mm孔×8，1992.8.

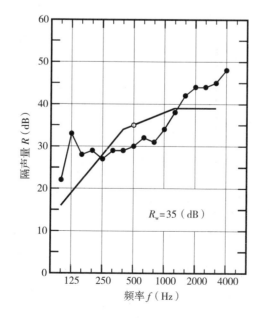 

序号 B1-07

频率 f（Hz）	隔声量 R（dB）
100	27
125	33
160	31
200	33
250	34
315	36
400	34
500	35
630	37
800	37
1000	39
1250	42
1600	45
2000	45
2500	46
3150	49
4000	51
R_w	**41**

20mm 抹灰（36kg/m²）+80mm GRC 多孔条板墙（38kg/m²）+20mm 抹灰（36kg/m²），条板规格 2500mm×600mm×80mm，ϕ60mm 孔 ×8，1992.8.

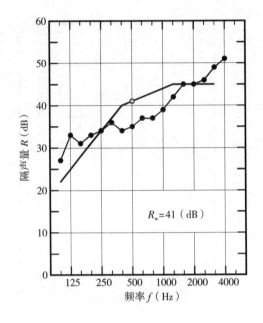

$R_w=41$（dB）

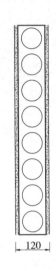

序号 B1-08

频率 f（Hz）	隔声量 R（dB）
100	32
125	31
160	30
200	32
250	32
315	32
400	29
500	29
630	29
800	30
1000	34
1250	36
1600	39
2000	40
2500	43
3150	44
4000	45
R_w	**35**

60mm GRC 多孔条板墙（35kg/m²），条板规格 3000mm×600mm×60mm，ϕ38mm 孔 ×9，1993.10.

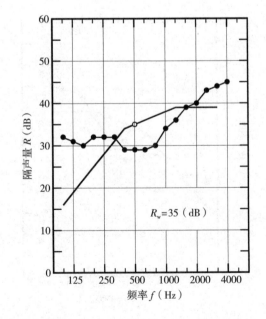

$R_w=35$（dB）

序号 B1-09

频率 f（Hz）	隔声量 R（dB）
100	29
125	28
160	30
200	33
250	33
315	33
400	34
500	33
630	32
800	32
1000	33
1250	34
1600	37
2000	40
2500	42
3150	43
4000	45
R_w	**36**

60mm GRC 多孔条板墙（34kg/m²），条板规格 2800mm×600mm×60mm，ϕ40mm 孔 ×10，1995.3.

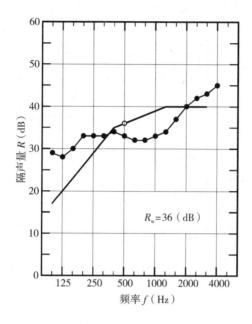

序号 B1-10

频率 f（Hz）	隔声量 R（dB）
100	35
125	35
160	36
200	36
250	38
315	39
400	40
500	40
630	40
800	44
1000	46
1250	47
1600	48
2000	48
2500	49
3150	51
4000	52
R_w	**45**

90mm GRC 多孔条板墙（45kg/m²），条板规格 3000mm×600mm×90mm，ϕ40mm 孔 ×10，1993.12.

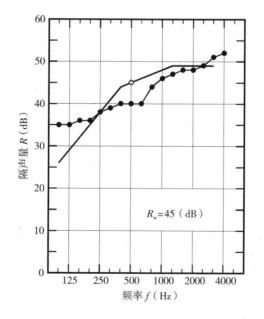

序号 B1-11

频率 f（Hz）	隔声量 R（dB）
100	31
125	26
160	31
200	30
250	33
315	33
400	33
500	30
630	30
800	30
1000	32
1250	33
1600	34
2000	35
2500	39
3150	41
4000	37
R_w	**34**

90mm GRC 多孔条板墙（45kg/m²），条板规格 2800mm×600mm×90mm，ϕ60mm 孔 ×7，1996.9。

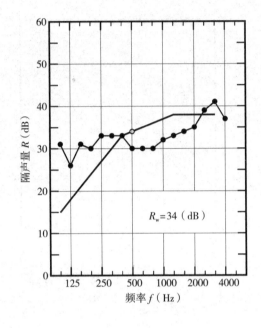

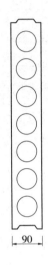

序号 B1-12

频率 f（Hz）	隔声量 R（dB）
100	37
125	38
160	34
200	38
250	37
315	40
400	39
500	40
630	43
800	44
1000	47
1250	50
1600	52
2000	54
2500	54
3150	52
4000	56
R_w	**46**

15mm 抹灰（27kg/m²）+90mm GRC 多孔条板墙（45kg/m²）+15mm 抹灰（27kg/m²），条板规格 3000mm×600mm×90mm，ϕ60mm 孔 ×7，1995.7。

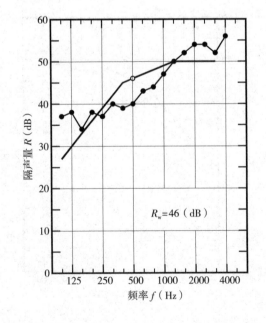

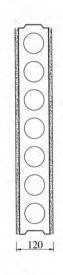

序号 B1-13

频率 f（Hz）	隔声量 R（dB）
100	23
125	26
160	24
200	34
250	30
315	31
400	30
500	31
630	28
800	29
1000	32
1250	35
1600	36
2000	39
2500	44
3150	44
4000	48
R_w	**34**

90mm GRC 多孔条板墙（50kg/m²），条板规格 2800mm×600mm×90mm，ϕ60mm 孔 ×6，2005.1.

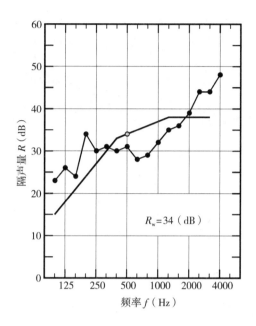

序号 B1-14

频率 f（Hz）	隔声量 R（dB）
100	27
125	32
160	29
200	33
250	34
315	34
400	32
500	33
630	28
800	32
1000	35
1250	38
1600	39
2000	40
2500	44
3150	47
4000	49
R_w	**36**

10mm 抹灰（18kg/m²）+90mm GRC 多孔条板墙（50kg/m²）+10mm 抹灰（18kg/m²），条板规格 2800mm×600mm×90mm，ϕ60mm 孔 ×6，2005.1.

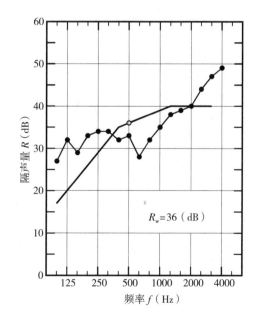

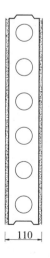

序号 B1-15

频率 f(Hz)	隔声量 R(dB)
100	34
125	30
160	29
200	32
250	33
315	36
400	36
500	39
630	37
800	42
1000	43
1250	44
1600	45
2000	47
2500	46
3150	48
4000	52
R_w	**42**

10mm 抹 灰（18kg/m²）+100mm GRC 多 孔 条 板 墙（53kg/m²）+10mm 抹 灰（18kg/m²），条板规格 3000mm×600mm×100mm，ϕ56mm 孔 ×7，1995.8.

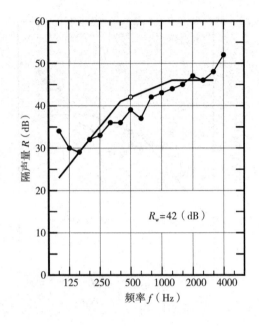
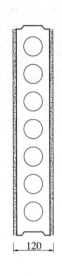

序号 B1-16

频率 f(Hz)	隔声量 R(dB)
100	39
125	32
160	35
200	35
250	38
315	40
400	38
500	39
630	41
800	47
1000	48
1250	50
1600	50
2000	52
2500	55
3150	58
4000	55
R_w	**46**

15mm 抹 灰（27kg/m²）+90mm GRC 多 孔 条 板 墙（45kg/m²）+15mm 抹 灰（27kg/m²），条板规格 3000mm×600mm×90mm，ϕ60mm 孔 ×7，1995.11.

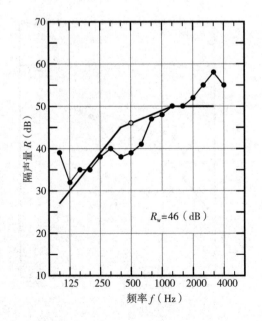
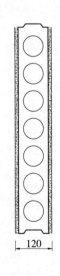

序号 B1-17

频率 f（Hz）	隔声量 R（dB）
100	37
125	36
160	37
200	37
250	40
315	40
400	42
500	40
630	43
800	46
1000	47
1250	49
1600	50
2000	52
2500	55
3150	56
4000	54
R_w	**47**

15mm 抹灰（27kg/m²）+90mm GRC 多孔条板墙（45kg/m²）+15mm 抹灰（27kg/m²），条板规格 3000mm×600mm×90mm，ϕ60mm 孔 ×7，1996.2.

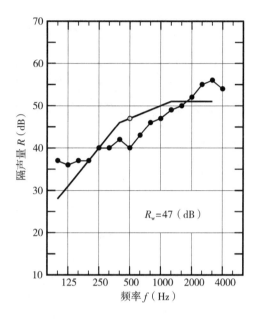
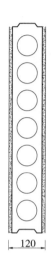

序号 B1-18

频率 f（Hz）	隔声量 R（dB）
100	30
125	32
160	34
200	32
250	36
315	30
400	29
500	31
630	34
800	35
1000	37
1250	40
1600	42
2000	42
2500	44
3150	48
4000	52
R_w	**37**

100mm GRC 多孔条板墙（53kg/m²），条板规格 3000mm×600mm×100mm，ϕ56mm 孔 ×7，1995.8.

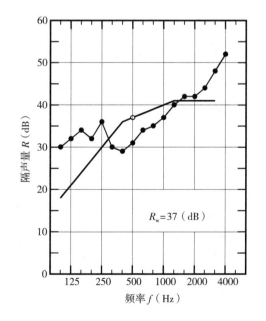

序号 B1-19

频率 f（Hz）	隔声量 R（dB）
100	32
125	36
160	38
200	34
250	35
315	37
400	38
500	37
630	40
800	40
1000	41
1250	42
1600	44
2000	47
2500	51
3150	54
4000	56
R_w	**42**

120mm GRC 多孔条板墙（72kg/m²），条板规格 3000mm×600mm×120mm，ϕ38mm 孔 ×9×2，1993.11.

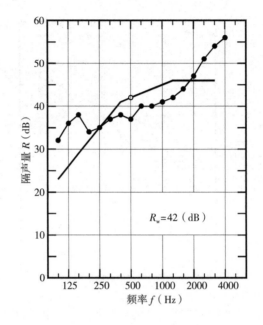

R_w=42（dB）

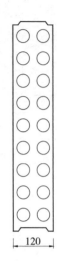

序号 B1-20

频率 f（Hz）	隔声量 R（dB）
100	36
125	37
160	37
200	36
250	38
315	36
400	38
500	38
630	40
800	41
1000	42
1250	43
1600	46
2000	50
2500	54
3150	58
4000	62
R_w	**43**

10mm 抹灰（18kg/m²）+120mm GRC 多孔条板墙（72kg/m²）+10mm 抹灰（18kg/m²），条板规格 3000mm×600mm×120mm，ϕ38mm 孔 ×9×2，1993.11.

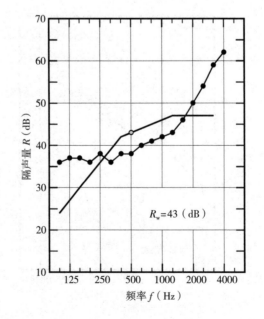

R_w=43（dB）

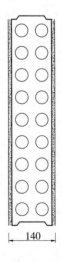

序号 B1–21

频率 f（Hz）	隔声量 R（dB）
100	32
125	35
160	32
200	32
250	34
315	34
400	31
500	33
630	35
800	37
1000	40
1250	43
1600	43
2000	45
2500	47
3150	46
4000	47
R_w	**39**

120mm GRC 多孔条板墙（70kg/m²），条板规格 3000mm×600mm×120mm，ϕ38mm 孔 ×10×2，1995.8.

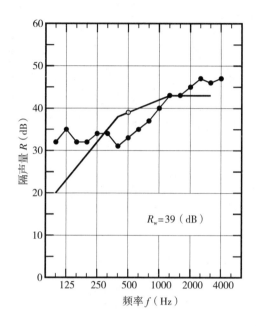

$R_w=39$（dB）

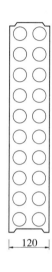

序号 B1–22

频率 f（Hz）	隔声量 R（dB）
100	38
125	39
160	38
200	40
250	41
315	39
400	39
500	42
630	45
800	48
1000	50
1250	51
1600	50
2000	50
2500	51
3150	55
4000	59
R_w	**48**

25mm 抹灰（45kg/m²）+120mm GRC 多孔条板墙（66kg/m²），+25mm 抹灰（45kg/m²），条板规格 3200mm×600mm×120mm，ϕ38mm 孔 ×9×2，1995.11.

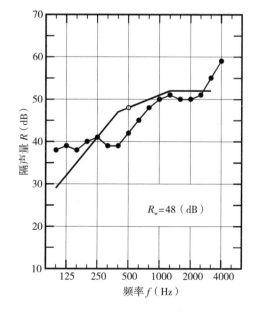

$R_w=48$（dB）

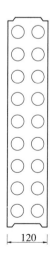

序号 B1-23

频率 f（Hz）	隔声量 R（dB）
100	36
125	30
160	31
200	35
250	36
315	37
400	37
500	37
630	38
800	41
1000	43
1250	45
1600	47
2000	49
2500	51
3150	50
4000	47
R_w	**43**

10mm 抹灰（18kg/m²）+120mm GRC 多孔条板墙（70kg/m²）+10mm 抹灰（18kg/m²），条板规格 3000mm×600mm×120mm，ϕ38mm 孔 ×10×2，1995.8.

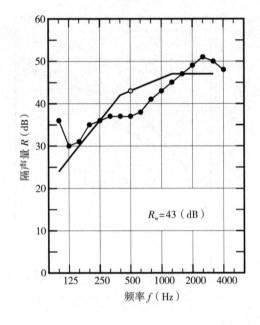

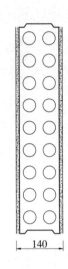

序号 B1-24

频率 f（Hz）	隔声量 R（dB）
100	31
125	35
160	32
200	28
250	34
315	34
400	35
500	35
630	33
800	36
1000	38
1250	39
1600	42
2000	44
2500	49
3150	49
4000	47
R_w	**39**

10mm 湿抹灰（18kg/m²）+120mm GRC 多孔条板墙（70kg/m²）+10mm 湿抹灰（18kg/m²），条板规格 3000mm×600mm×120mm，ϕ38mm 孔 ×10×2，1995.8.

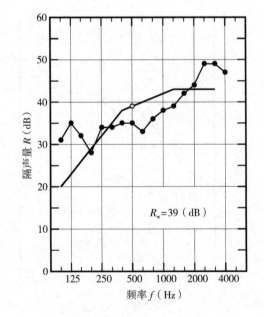

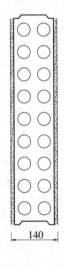

序号 B1-25

频率 f（Hz）	隔声量 R（dB）
100	37
125	36
160	36
200	40
250	41
315	41
400	41
500	42
630	45
800	46
1000	49
1250	51
1600	54
2000	52
2500	50
3150	53
4000	55
R_w	**48**

15mm 抹灰（27kg/m²）+120mm GRC 多孔条板墙（66kg/m²）+15mm 抹灰（27kg/m²），条板规格 3200mm×600mm×120mm，ϕ38mm 孔 ×9×2，1996.7.

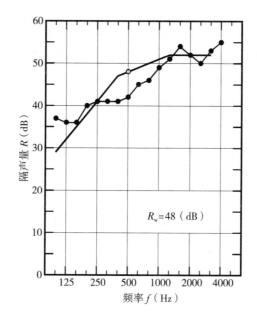

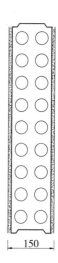

序号 B1-26

频率 f（Hz）	隔声量 R（dB）
100	37
125	39
160	40
200	42
250	43
315	47
400	47
500	46
630	49
800	53
1000	53
1250	53
1600	55
2000	56
2500	58
3150	57
4000	59
R_w	**52**

25mm 抹灰（45kg/m²）+120mm GRC 多孔条板墙（76kg/m²）+25mm 抹灰（45kg/m²），条板规格 3200mm×600mm×120mm，ϕ38mm 孔 ×9，1995.11.

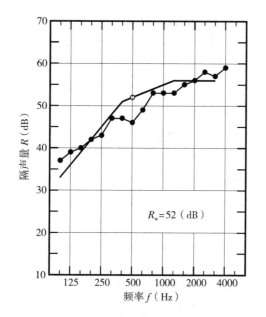

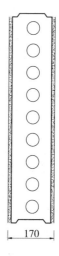

序号 B1-27

频率 f（Hz）	隔声量 R（dB）
100	36
125	39
160	39
200	38
250	43
315	42
400	42
500	43
630	45
800	48
1000	50
1250	51
1600	51
2000	51
2500	52
3150	54
4000	60
R_w	**49**

25mm 抹灰（45kg/m²）+120mm GRC 多孔条板墙（66kg/m²）+25mm 抹灰（45kg/m²），条板规格 3200mm×600mm×120mm，ϕ 38mm 孔 ×9×2，1995.11.

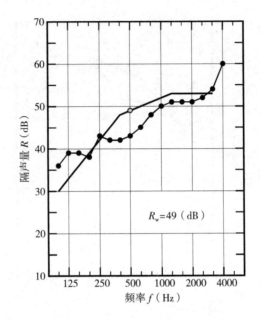

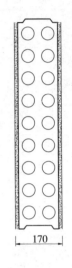

序号 B2-01

频率 f（Hz）	隔声量 R（dB）
100	28
125	28
160	31
200	28
250	31
315	29
400	26
500	28
630	30
800	31
1000	36
1250	40
1600	40
2000	44
2500	45
3150	48
4000	50
R_w	**35**

100mm 伊通加气混凝土条板墙（60kg/m²），条板规格 2500mm×600mm×100mm，2005.1.

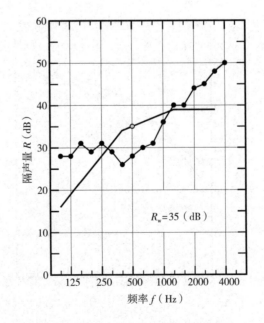

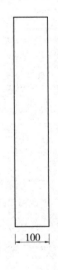

112

序号 B2-02

频率 f（Hz）	隔声量 R（dB）
100	29
125	30
160	30
200	27
250	28
315	31
400	32
500	30
630	32
800	36
1000	39
1250	42
1600	42
2000	44
2500	47
3150	44
4000	51
R_w	**38**

3mm107 水泥浆抹面 +100mm 伊通加气混凝土条板墙（60kg/m²）+3mm107 水泥浆抹面，条板规格 2500mm×600mm×100mm，2005.1.

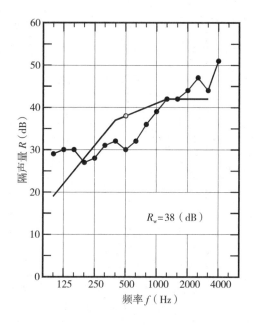

序号 B2-03

频率 f（Hz）	隔声量 R（dB）
100	28
125	33
160	35
200	32
250	35
315	37
400	40
500	41
630	42
800	45
1000	45
1250	45
1600	46
2000	48
2500	50
3150	52
4000	54
R_w	**44**

10mm 抹灰（18kg/m²）+100mm 伊通加气混凝土条板墙（60kg/m²）10mm 抹灰（18kg/m²），条板规格 2500mm×600mm×100mm，2005.1.

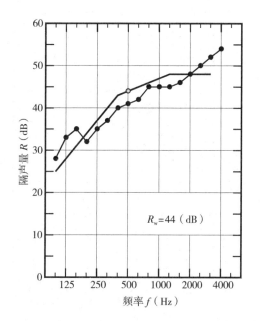

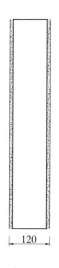

序号 B2-04

频率 f（Hz）	隔声量 R（dB）
100	29
125	32
160	32
200	31
250	35
315	35
400	36
500	37
630	38
800	40
1000	43
1250	44
1600	46
2000	48
2500	51
3150	53
4000	55
R_w	**42**

150mm 伊通加气混凝土条板墙（90kg/m²），条板规格 2500mm×600mm×150mm，2005.1.

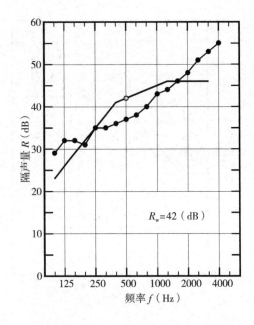

序号 B2-05

频率 f（Hz）	隔声量 R（dB）
100	29
125	34
160	34
200	34
250	34
315	39
400	39
500	39
630	42
800	44
1000	46
1250	46
1600	47
2000	49
2500	52
3150	52
4000	55
R_w	**45**

3mm107 水泥浆抹面 +150mm 伊通加气混凝土条板墙（90kg/m²）+3mm107 水泥浆抹面，条板规格 2500mm×600mm×150mm，2005.1.

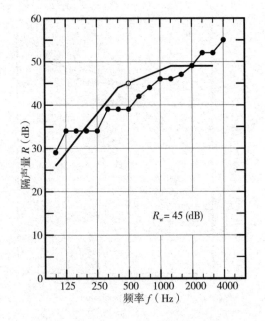

序号 B2-06

频率 f（Hz）	隔声量 R（dB）
100	35
125	36
160	35
200	40
250	41
315	43
400	46
500	47
630	48
800	51
1000	52
1250	52
1600	53
2000	53
2500	56
3150	54
4000	53
R_w	**50**

20mm 抹灰（36kg/m²）+150mm 伊通加气混凝土条板墙（90kg/m²）+20mm 抹灰（36kg/m²），条板规格 2500mm×600mm×150mm，2005.1.

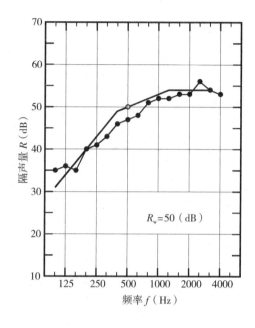

序号 B2-07

频率 f（Hz）	隔声量 R（dB）
100	34
125	29
160	31
200	34
250	33
315	36
400	36
500	34
630	33
800	31
1000	34
1250	37
1600	41
2000	45
2500	48
3150	49
4000	50
R_w	**37**

75mm 聚苯乙烯泡粒骨料混凝土条板墙（70kg/m²），条板规格 2500mm×600mm×75mm，2005.1.

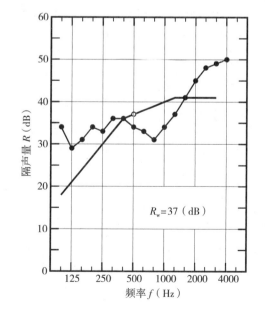

序号 B2-08

频率 f（Hz）	隔声量 R（dB）
100	25
125	27
160	25
200	27
250	32
315	32
400	31
500	32
630	31
800	29
1000	31
1250	33
1600	35
2000	38
2500	40
3150	41
4000	40
R_w	**34**

90mm 蚕丝轻质条板墙（27kg/m²），2005.1

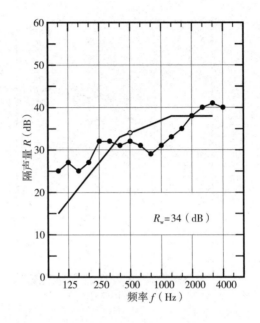

R_w=34（dB）

序号 B2-09

频率 f（Hz）	隔声量 R（dB）
100	
125	24
160	28
200	27
250	24
315	26
400	25
500	25
630	26
800	27
1000	27
1250	29
1600	29
2000	32
2500	36
3150	37
4000	38
R_w	**29**

90mm 多孔石膏板墙（50kg/m²），1979.1.

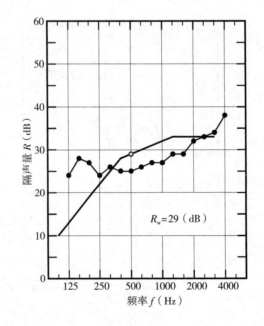

R_w=29（dB）

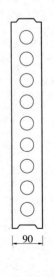

116

序号 B2-10

频率 f（Hz）	隔声量 R（dB）
100	22
125	29
160	27
200	25
250	28
315	30
400	30
500	27
630	27
800	30
1000	32
1250	34
1600	37
2000	37
2500	41
3150	42
4000	37
R_w	**33**

90mmNFG 轻质增强多孔石膏板墙（41kg/m²），条板规格 3000mm × 600mm × 90mm，ϕ40mm 孔 × 9，1997.10.

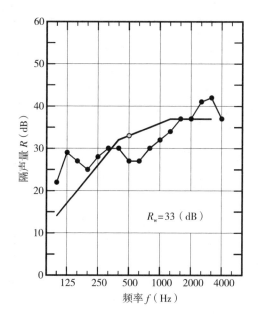

序号 B2-11

频率 f（Hz）	隔声量 R（dB）
100	22
125	29
160	27
200	25
250	28
315	32
400	30
500	27
630	25
800	29
1000	31
1250	32
1600	34
2000	36
2500	39
3150	41
4000	35
R_w	**32**

90mmNFG 轻质增强多孔石膏板墙（41kg/m²），条板规格 3000mm × 600mm × 90mm，ϕ40mm 孔 × 9，1997.10.

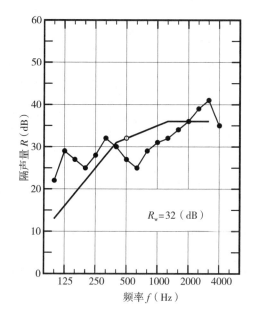

序号 B2-12

频率 f（Hz）	隔声量 R（dB）
100	33
125	32
160	35
200	37
250	38
315	38
400	35
500	35
630	36
800	38
1000	40
1250	44
1600	45
2000	46
2500	48
3150	46
4000	47
R_w	**41**

10mm 抹灰（18kg/m²）+90mmNFG 轻质增强多孔石膏板墙（41kg/m²）+10mm 抹灰（18kg/m²），条板规格 3000mm×600mm×90mm，ϕ40mm 孔 ×9，1997.10.

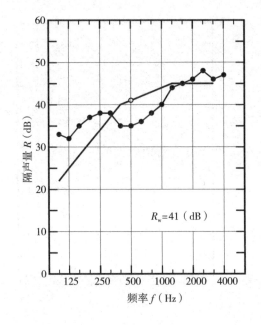

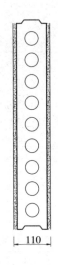

序号 B2-13

频率 f（Hz）	隔声量 R（dB）
100	29
125	32
160	32
200	36
250	37
315	35
400	36
500	37
630	38
800	38
1000	42
1250	43
1600	44
2000	46
2500	47
3150	45
4000	47
R_w	**42**

10mm 抹灰（18kg/m²）+90mmNFG 轻质增强多孔石膏板墙（41kg/m²）+10mm 抹灰（18kg/m²），条板规格 3000mm×600mm×90mm，ϕ40mm 孔 ×9，1997.10.

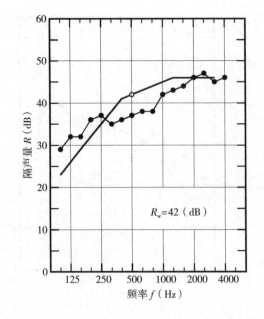

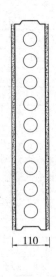

序号 B2-14

频率 f（Hz）	隔声量 R（dB）
100	29
125	30
160	38
200	35
250	40
315	40
400	39
500	40
630	40
800	39
1000	40
1250	43
1600	45
2000	47
2500	45
3150	47
4000	50
R_w	**43**

15mm 抹灰（27kg/m²）+90mmNFG 轻质增强多孔石膏板墙（41kg/m²）+15mm 抹灰（27kg/m²），条板规格 3000mm×600mm×90mm，ϕ40mm 孔 ×9，1998.6.

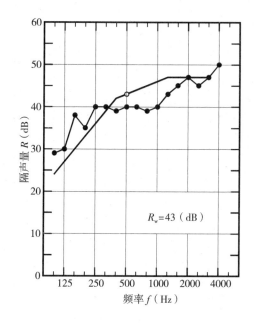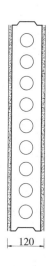

序号 B2-15

频率 f（Hz）	隔声量 R（dB）
100	28
125	29
160	32
200	31
250	34
315	34
400	32
500	33
630	31
800	30
1000	31
1250	33
1600	36
2000	37
2500	40
3150	40
4000	38
R_w	**34**

60mm 水泥珍珠岩多孔条板墙（35kg/m²），条板规格 2500mm×600mm×60mm，ϕ40mm 孔 ×10，2005.1.

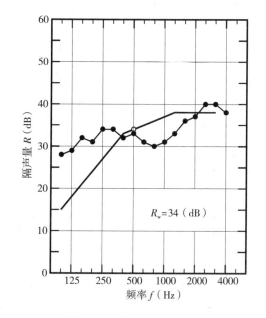

序号 B2-16

频率 f（Hz）	隔声量 R（dB）
100	26
125	30
160	21
200	28
250	28
315	29
400	29
500	29
630	29
800	33
1000	35
1250	38
1600	39
2000	42
2500	42
3150	41
4000	45
R_w	**35**

90mm 水泥珍珠岩多孔条板墙（55kg/m²），条板规格 2500mm×600mm×90mm，ϕ50mm 孔 ×6，2005.1.

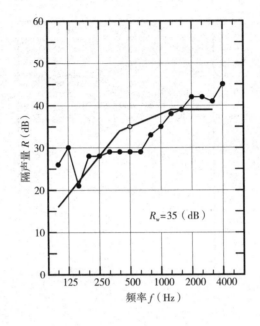

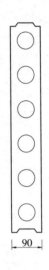

序号 B2-17

频率 f（Hz）	隔声量 R（dB）
100	35
125	32
160	36
200	34
250	38
315	37
400	38
500	36
630	37
800	39
1000	42
1250	45
1600	50
2000	52
2500	53
3150	54
4000	57
R_w	**43**

20mm 抹灰（36kg/m²）+90mm 水泥珍珠岩多孔条板墙（55kg/m²）+20mm 抹灰（36kg/m²），条板规格 2500mm×600mm×90mm，ϕ50mm 孔 ×6，2005.1.

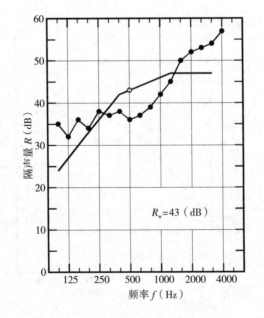

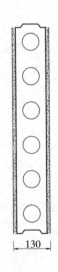

序号 B2-18

频率 f（Hz）	隔声量 R（dB）
100	31
125	33
160	27
200	31
250	31
315	30
400	31
500	29
630	28
800	31
1000	34
1250	38
1600	40
2000	43
2500	45
3150	46
4000	45
R_w	**35**

60mm 石膏珍珠岩多孔条板墙（38kg/m²），条板规格 2500mm×600mm×60mm，ϕ38mm 孔 ×9，2005.1.

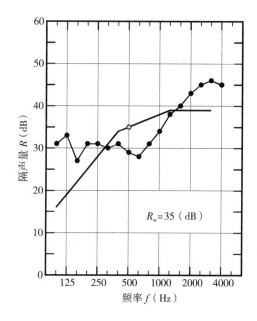

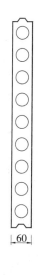

序号 B2-19

频率 f（Hz）	隔声量 R（dB）
100	21
125	18
160	21
200	23
250	24
315	26
400	25
500	26
630	25
800	23
1000	24
1250	27
1600	31
2000	33
2500	34
3150	35
4000	38
R_w	**28**

60mm 石膏多孔条板墙（40kg/m²），条板规格 2500mm×600mm×60mm，ϕ40mm 孔 ×9，2005.1.

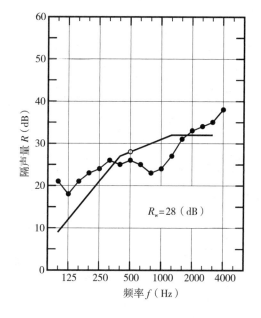

序号 B2-20

频率 f（Hz）	隔声量 R（dB）
100	33
125	30
160	32
200	34
250	33
315	30
400	28
500	23
630	32
800	37
1000	36
1250	32
1600	35
2000	35
2500	35
3150	38
4000	40
R_w	**33**

76mm 水泥刨花空心条板墙，条板规格 2500mm×600mm×76mm，双长圆孔，两侧板厚 8mm，1979.1.

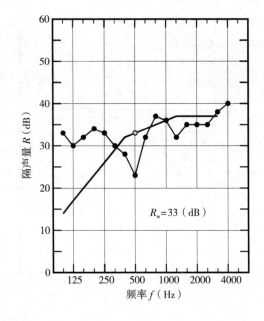

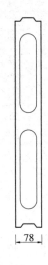

序号 B2-21

频率 f（Hz）	隔声量 R（dB）
100	32
125	33
160	37
200	36
250	34
315	35
400	33
500	32
630	33
800	34
1000	36
1250	38
1600	40
2000	40
2500	39
3150	41
4000	42
R_w	**37**

76mm 水泥刨花空心条板墙，条板规格 2500mm×600mm×76mm，双长圆孔，两侧板厚 8mm，内填矿棉，1979.1.

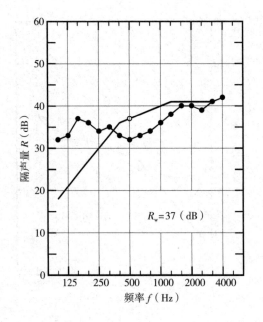

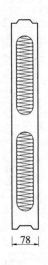

序号 B2-22

频率 f（Hz）	隔声量 R（dB）
100	30
125	32
160	30
200	31
250	33
315	31
400	30
500	28
630	31
800	35
1000	35
1250	35
1600	34
2000	36
2500	38
3150	41
4000	43
R_w	**34**

100mm 水泥刨花空心条板墙，条板规格 2500mm×600mm×100mm，双长圆孔，两侧板厚 15mm，1979.1.

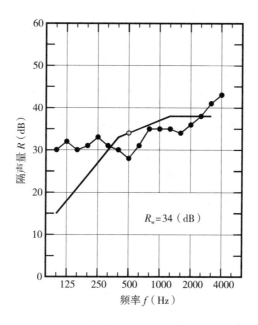

$R_w = 34$（dB）

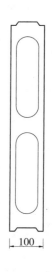

序号 B2-23

频率 f（Hz）	隔声量 R（dB）
100	
125	
160	28
200	28
250	27
315	25
400	22
500	28
630	34
800	36
1000	34
1250	36
1600	38
2000	36
2500	36
3150	37
4000	38
R_w	**33**

80mm 水泥刨花空心条板墙（46kg/m²），双长圆孔，1979.1.

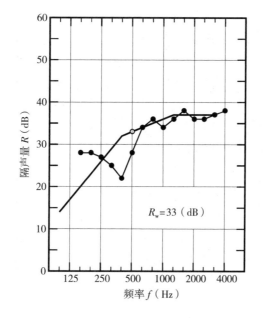

$R_w = 33$（dB）

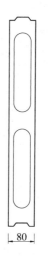

序号 B2-24

频率 f（Hz）	隔声量 R（dB）
100	31
125	30
160	28
200	30
250	30
315	28
400	28
500	27
630	28
800	31
1000	35
1250	38
1600	37
2000	38
2500	38
3150	43
4000	44
R_w	**34**

100mm 水泥刨花空心条板墙，条板规格 2500mm×600mm×100mm，双长圆孔，内填膨胀珍珠岩，两侧板厚 15mm，1979.1.

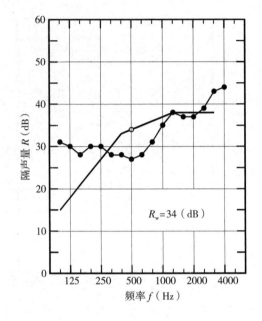

$R_w=34$（dB）

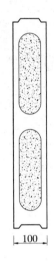

序号 B2-25

频率 f（Hz）	隔声量 R（dB）
100	40
125	37
160	39
200	38
250	39
315	41
400	45
500	43
630	43
800	40
1000	40
1250	44
1600	47
2000	52
2500	54
3150	53
4000	56
R_w	**45**

10mm 抗裂砂浆抹面（18kg/m²）+220mm 木丝水泥预制墙板（500kg/m³）+10mm 抗裂砂浆抹面（18kg/m²），2014.12.

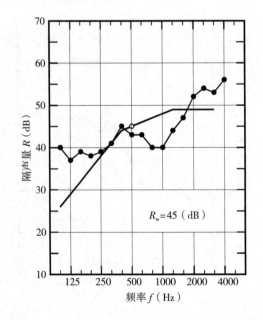

$R_w=45$（dB）

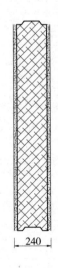

序号 B3-01

频率 f（Hz）	隔声量 R（dB）
100	29
125	32
160	36
200	38
250	40
315	41
400	43
500	44
630	43
800	45
1000	49
1250	55
1600	61
2000	63
2500	65
3150	65
4000	65
R_w	**48**

60mm 石膏珍珠岩多孔条板墙（42kg/m²）50mm 玻璃棉 +60mm 石膏珍珠岩多孔条板墙（42kg/m²），条板规格 2500mm×600mm×60mm，ϕ40mm 孔 ×9，2005.1.

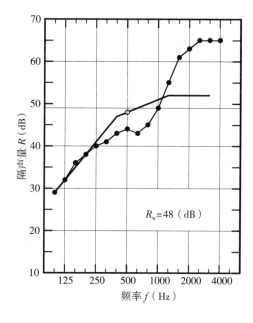

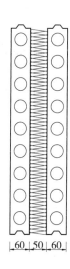

序号 B3-02

频率 f（Hz）	隔声量 R（dB）
100	34
125	34
160	40
200	41
250	43
315	46
400	45
500	47
630	46
800	48
1000	51
1250	56
1600	61
2000	65
2500	70
3150	69
4000	72
R_w	**50**

20mm 抹灰（36kg/m²）+60mm 石膏珍珠岩多孔条板墙（42kg/m²）50mm 玻璃棉 +60mm 石膏珍珠岩多孔条板墙（42kg/m²）+20mm 抹灰（36kg/m²），条板规格 2500mm×600mm×60mm，ϕ40mm 孔 ×9，2005.1.

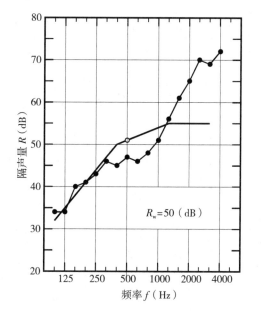

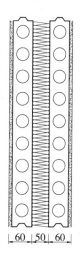

序号 B3-03

频率 f（Hz）	隔声量 R（dB）
100	42
125	40
160	43
200	42
250	43
315	42
400	42
500	42
630	43
800	46
1000	50
1250	53
1600	58
2000	61
2500	65
3150	65
4000	68
R_w	**49**

60mm GRC 多孔条板墙（34kg/m²）+50mm 岩棉 +80mm GRC 多孔条板墙（38kg/m²），条板规格 2500mm×600mm×60mm，ϕ38mm 孔 ×9；2500mm×600mm×80mm，ϕ56mm 孔 ×7，1995.8.

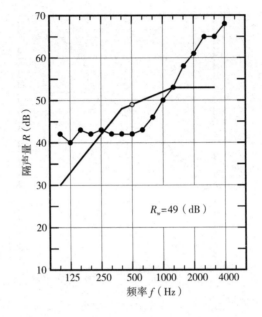

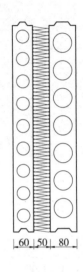

序号 B3-04

频率 f（Hz）	隔声量 R（dB）
100	40
125	39
160	41
200	42
250	44
315	43
400	44
500	45
630	45
800	48
1000	51
1250	54
1600	58
2000	63
2500	65
3150	66
4000	69
R_w	**51**

10mm 抹灰（18kg/m²）+60mm GRC 多孔条板墙（36kg/m²）+50mm 岩棉 +80mm GRC 多孔条板墙（46kg/m²）+10mm 抹灰（18kg/m²），条板规格 2500mm×600mm×60mm，ϕ38mm 孔 ×9；2500mm×600mm×80mm，ϕ56mm 孔 ×7，1995.8.

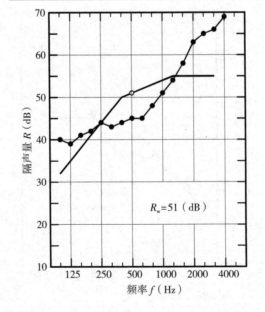

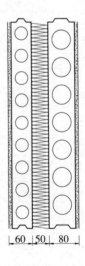

序号 B3–05

频率 f（Hz）	隔声量 R（dB）
100	37
125	38
160	42
200	41
250	42
315	39
400	39
500	40
630	39
800	41
1000	46
1250	48
1600	52
2000	55
2500	59
3150	62
4000	62
R_w	**45**

60mm GRC 多孔条板墙（34kg/m²）+50mm 岩棉 +60mm GRC 多孔条板墙（34kg/m²），条板规格 2500mm×600mm×60mm，ϕ38mm 孔 ×9，1995.8.

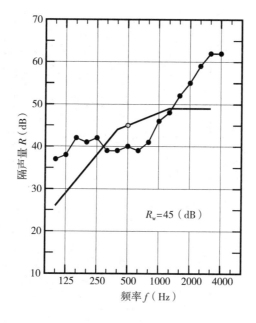

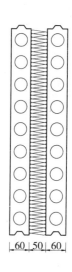

序号 B3–06

频率 f（Hz）	隔声量 R（dB）
100	41
125	44
160	45
200	43
250	46
315	48
400	46
500	47
630	48
800	51
1000	57
1250	61
1600	66
2000	69
2500	71
3150	73
4000	71
R_w	**54**

60mm GRC 多孔条板墙（34kg/m²）+50mm 岩棉 +60mm GRC 多孔条板墙（34kg/m²），条板规格 2500mm×600mm×60mm，ϕ40mm 孔 ×10，湿拼缝，1995.8.

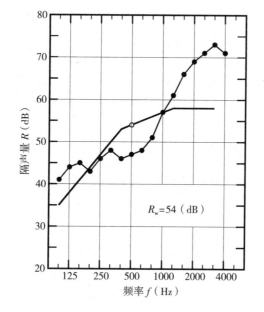

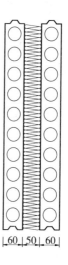

127

序号 B3-07

频率 f（Hz）	隔声量 R（dB）
100	38
125	42
160	42
200	38
250	40
315	42
400	42
500	41
630	41
800	42
1000	47
1250	50
1600	52
2000	55
2500	58
3150	61
4000	62
R_w	**47**

60mm GRC 多孔条板墙（34kg/m²）+50mm 岩棉 +100mm GRC 多孔条板墙（42kg/m²），条板规格 2500mm×600mm×60mm，ϕ40mm 孔 ×10；2500mm×600mm×100mm，ϕ56mm 孔 ×7，1995.8.

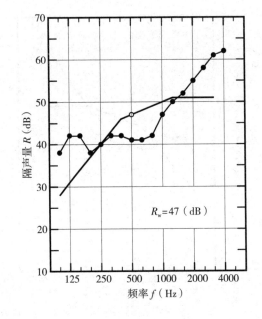

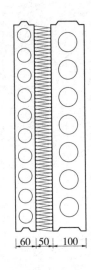

序号 B3-08

频率 f（Hz）	隔声量 R（dB）
100	40
125	42
160	37
200	41
250	42
315	47
400	47
500	52
630	54
800	56
1000	61
1250	63
1600	67
2000	71
2500	72
3150	70
4000	65
R_w	**55**

20mm 抹灰（36kg/m²）+GRC 多孔条板墙（35kg/m²）+50mm 岩棉 +60mm GRC 多孔条板墙（35kg/m²）20mm 抹灰（36kg/m²），条板规格 2500mm×600mm×60mm，ϕ38mm 孔 ×9，2005.1.

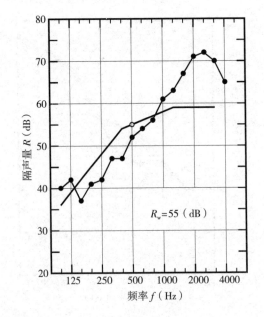

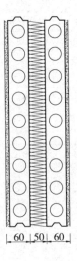

128

序号 B4-01a

频率 f（Hz）	隔声量 R（dB）
100	35
125	35
160	34
200	39
250	36
315	37
400	40
500	44
630	45
800	45
1000	45
1250	42
1600	35
2000	40
2500	49
3150	55
4000	59
R_w	**43**

100mm 钢丝网架水泥砂浆聚苯乙烯夹芯板（泰柏板）（95kg/m^2），砂浆厚度 25mm，2005.1.

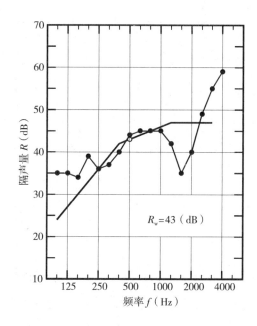

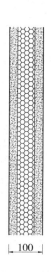

序号 B4-01b

频率 f（Hz）	隔声量 R（dB）
100	33
125	37
160	41
200	42
250	42
315	42
400	44
500	45
630	45
800	45
1000	43
1250	36
1600	38
2000	45
2500	53
3150	58
4000	61
R_w	**44**

100mm 钢丝网架水泥砂浆聚苯乙烯夹芯板（泰柏板）（95kg/m^2），砂浆厚度 25mm，2005.1

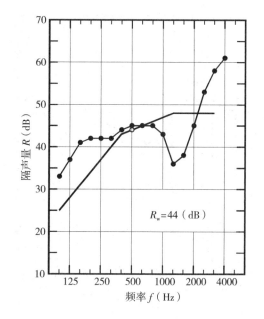

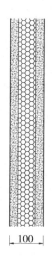

序号 B4–01c

频率 f（Hz）	隔声量 R（dB）
100	31
125	33
160	35
200	38
250	39
315	38
400	41
500	41
630	39
800	38
1000	36
1250	36
1600	36
2000	44
2500	49
3150	51
4000	53
R_w	**40**

100mm 钢丝网架水泥砂浆聚苯乙烯夹芯板（泰柏板）（95kg/m²），砂浆厚度 25mm，2005.1.

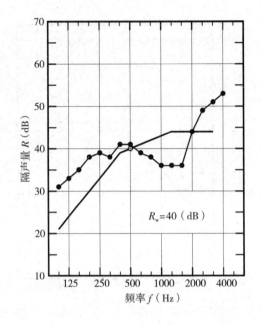

序号 B4–01d

频率 f（Hz）	隔声量 R（dB）
100	30
125	33
160	36
200	39
250	38
315	40
400	40
500	41
630	42
800	42
1000	40
1250	36
1600	38
2000	44
2500	50
3150	51
4000	54
R_w	**42**

100mm 钢丝网架水泥砂浆聚苯乙烯夹芯板（泰柏板）（95kg/m²），砂浆厚度 25mm，2005.1.

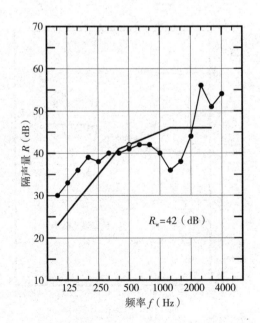

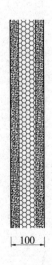

序号 B4-01e

频率 f（Hz）	隔声量 R（dB）
100	31
125	36
160	37
200	40
250	40
315	42
400	42
500	42
630	42
800	42
1000	42
1250	36
1600	38
2000	45
2500	51
3150	51
4000	55
R_w	**42**

100mm 钢丝网架水泥砂浆聚苯乙烯夹芯板（泰柏板）（95kg/m²），砂浆厚度 25mm，2005.1.

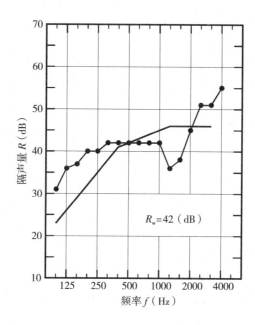

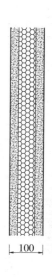

序号 B4-01f

频率 f（Hz）	隔声量 R（dB）
100	34
125	32
160	35
200	39
250	40
315	41
400	42
500	43
630	43
800	43
1000	42
1250	42
1600	37
2000	42
2500	46
3150	54
4000	57
R_w	**43**

100mm 钢丝网架水泥砂浆聚苯乙烯夹芯板（泰柏板）（95kg/m²），砂浆厚度 25mm，2005.1.

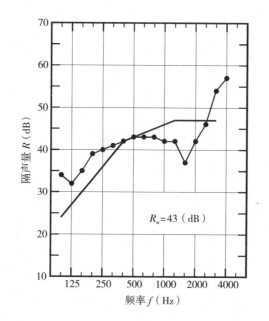

序号 B4-02

频率 f（Hz）	隔声量 R（dB）
100	40
125	42
160	42
200	42
250	42
315	44
400	45
500	46
630	44
800	43
1000	40
1250	38
1600	43
2000	49
2500	53
3150	59
4000	63
R_w	**45**

110mm 钢丝网架水泥砂浆聚苯乙烯夹芯板（泰柏板）（113kg/m²），砂浆厚度 30mm，2005.1.

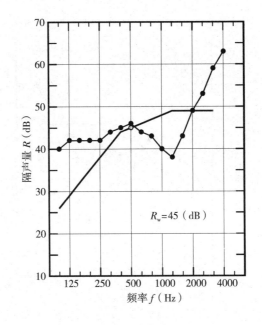

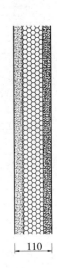

序号 B4-03

频率 f（Hz）	隔声量 R（dB）
100	41
125	42
160	43
200	43
250	44
315	45
400	46
500	49
630	44
800	46
1000	42
1250	42
1600	46
2000	50
2500	51
3150	58
4000	63
R_w	**47**

120mm 钢丝网架水泥砂浆聚苯乙烯夹芯板（泰柏板）（131kg/m²），砂浆厚度 35mm，2005.1.

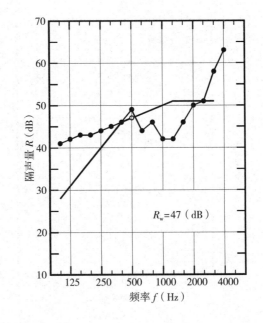

序号 B4–04

频率 f（Hz）	隔声量 R（dB）
100	26
125	29
160	31
200	31
250	34
315	33
400	32
500	30
630	30
800	33
1000	37
1250	40
1600	43
2000	44
2500	46
3150	47
4000	48
R_w	**37**

60mmFC 轻质复合板墙（50kg/m²），面板—5mmFC 板，夹芯材料—泡塑轻质混凝土，2005.1.

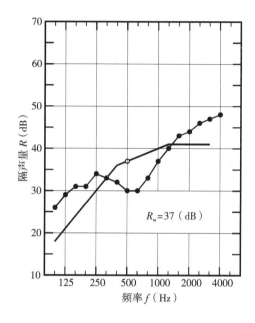

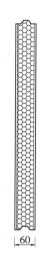

序号 B4–05

频率 f（Hz）	隔声量 R（dB）
100	30
125	31
160	28
200	31
250	33
315	32
400	32
500	32
630	34
800	38
1000	42
1250	44
1600	46
2000	48
2500	50
3150	51
4000	53
R_w	**40**

90mmFC 轻质复合板墙（70kg/m²），面板—4mmFC 板，夹芯材料—泡塑轻质混凝土，2005.1.

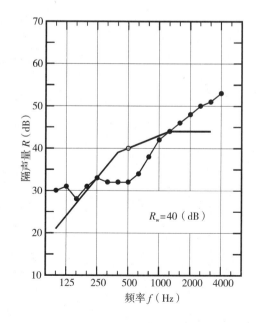

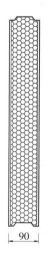

序号 B4-06

频率 f（Hz）	隔声量 R（dB）
100	27
125	35
160	30
200	31
250	34
315	34
400	35
500	36
630	40
800	44
1000	49
1250	53
1600	55
2000	55
2500	59
3150	60
4000	61
R_w	**43**

120mmFC 轻质复合板墙（95kg/m²），面板—4mmFC 板，夹芯材料—泡塑轻质混凝土，2005.1.

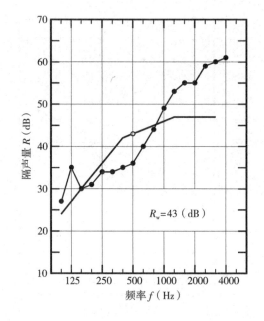

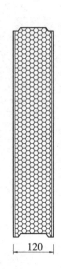

序号 B4-07

频率 f（Hz）	隔声量 R（dB）
100	29
125	27
160	24
200	26
250	30
315	27
400	29
500	27
630	28
800	33
1000	35
1250	37
1600	40
2000	42
2500	44
3150	46
4000	47
R_w	**34**

50mmFC 轻质复合板墙（45kg/m²），面板—4mmFC 板，夹芯材料—泡塑轻质混凝土，2005.1.

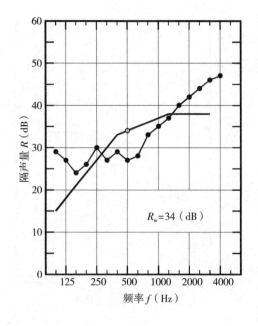

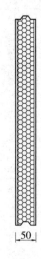

序号 B4-08

频率 f（Hz）	隔声量 R（dB）
100	20
125	22
160	25
200	26
250	29
315	29
400	30
500	30
630	31
800	31
1000	31
1250	26
1600	28
2000	45
2500	51
3150	50
4000	46
R_w	**32**

50mmFC 轻质复合板墙（15kg/m²），面板—4mmFC 板，夹芯材料—聚苯乙烯泡沫板，2005.1.

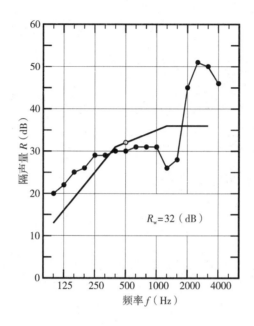 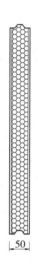

序号 B4-09

频率 f（Hz）	隔声量 R（dB）
100	18
125	22
160	24
200	26
250	26
315	29
400	28
500	28
630	29
800	29
1000	30
1250	31
1600	32
2000	33
2500	33
3150	35
4000	37
R_w	**31**

60mm 蜂窝复合板墙（12.5kg/m²），面板—6mm 硅钙板，夹芯材料—纸蜂窝，2005.1.

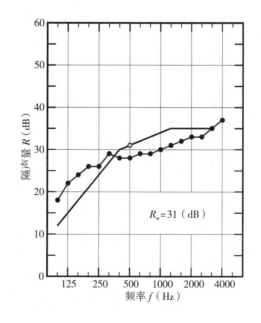 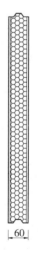

序号 B4-10

频率 f（Hz）	隔声量 R（dB）
100	18
125	20
160	25
200	24
250	29
315	29
400	28
500	29
630	31
800	31
1000	34
1250	34
1600	36
2000	37
2500	40
3150	41
4000	43
R_w	**34**

50mm 蜂窝复合板墙（17kg/m²），面板—1mm 钢板，夹芯材料—铝蜂窝，2005.1.

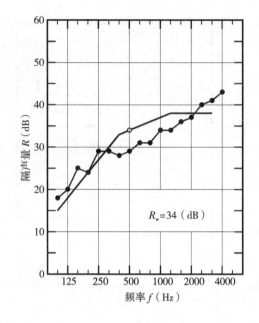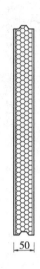

序号 B4-11

频率 f（Hz）	隔声量 R（dB）
100	23
125	26
160	23
200	27
250	27
315	29
400	30
500	28
630	28
800	27
1000	29
1250	28
1600	29
2000	29
2500	30
3150	30
4000	29
R_w	**29**

40mm 彩钢复合板墙（15kg/m²），面板—0.6mm 彩钢板，夹芯材料—矿棉板，2005.1.

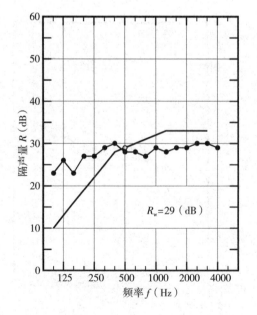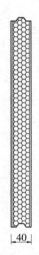

序号 B4-12

频率 f（Hz）	隔声量 R（dB）
100	23
125	20
160	22
200	24
250	26
315	29
400	30
500	27
630	30
800	30
1000	32
1250	31
1600	31
2000	32
2500	36
3150	42
4000	47
R_w	**32**

30mm 矿物棉复合钢板墙（16kg/m²），面板—0.7mm 冷轧钢板，夹芯材料—岩棉（150kg/m³），2005.1.

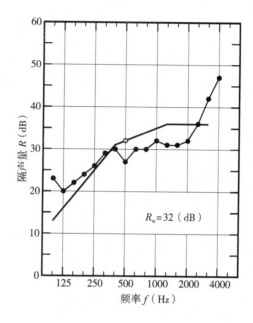

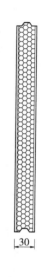

序号 B4-13

频率 f（Hz）	隔声量 R（dB）
100	24
125	26
160	23
200	27
250	29
315	29
400	31
500	31
630	32
800	33
1000	33
1250	33
1600	34
2000	35
2500	36
3150	41
4000	47
R_w	**34**

50mm 矿物棉复合钢板墙（19kg/m²），面板—0.7mm 冷轧钢板，夹芯材料—岩棉（150kg/m³），2005.1.

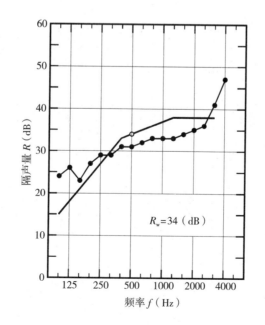

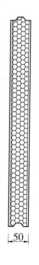

序号 B4-14

频率 f（Hz）	隔声量 R（dB）
100	24
125	28
160	29
200	29
250	34
315	36
400	34
500	35
630	34
800	33
1000	32
1250	35
1600	39
2000	42
2500	47
3150	52
4000	57
R_w	**37**

50mm 矿物棉复合钢板墙（23kg/m²），面板—0.7mm 冷轧钢板，夹芯材料—岩棉（150kg/m³）+0.5mm 钢板 + 岩棉（150kg/m³），2005.1.

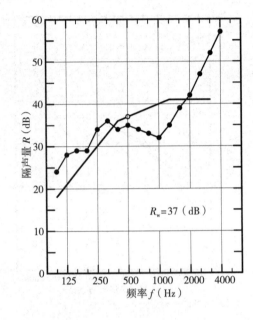

$R_w=37$（dB）

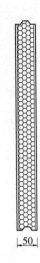

序号 B4-15

频率 f（Hz）	隔声量 R（dB）
100	26
125	30
160	29
200	35
250	37
315	41
400	40
500	40
630	40
800	38
1000	38
1250	39
1600	44
2000	49
2500	52
3150	53
4000	60
R_w	**42**

75mm 矿物棉复合钢板墙（19kg/m²），面板—0.7mm 冷轧钢板，夹芯材料—岩棉（150kg/m³）+25mm 空腔 + 岩棉（150kg/m³），2005.1.

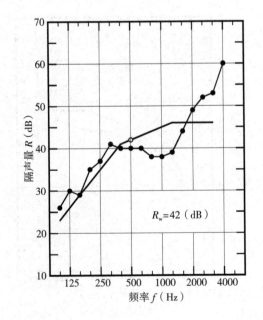

$R_w=42$（dB）

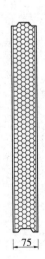

序号 C1-01

频率 f（Hz）	隔声量 R（dB）
100	19
125	25
160	32
200	35
250	38
315	42
400	48
500	50
630	51
800	55
1000	58
1250	60
1600	62
2000	62
2500	54
3150	49
4000	55
R_w	**48**

双层 12mm 防火纸面石膏板 +C50mm 轻钢龙骨 @600mm+ 双层 12mm 防火纸面石膏板，2000.8.

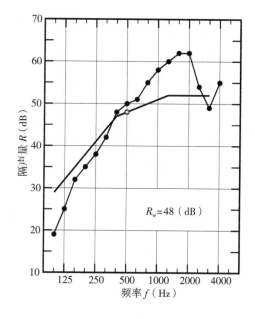

$R_w=48$（dB）

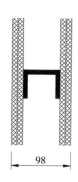

98

序号 C1-02

频率 f（Hz）	隔声量 R（dB）
100	18
125	30
160	33
200	36
250	41
315	47
400	49
500	52
630	55
800	58
1000	61
1250	64
1600	64
2000	67
2500	65
3150	54
4000	52
R_w	**50**

双层 12mm 纸面石膏板 +C50mm 轻钢龙骨 @600mm，25mm 玻璃棉（20kg/m³）+ 双层 12mm 纸面石膏板，2000.10.

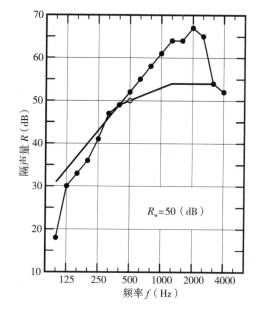

$R_w=50$（dB）

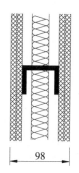

98

序号 C1-03

频率 f（Hz）	隔声量 R（dB）
100	18
125	22
160	23
200	31
250	31
315	37
400	39
500	41
630	44
800	48
1000	51
1250	53
1600	54
2000	56
2500	48
3150	41
4000	44
R_w	**42**

12mm 纸面石膏板（9kg/m²）+C75mm×50mm 轻钢龙骨 @600mm+12mm 纸面石膏板（9kg/m²），2005.1.

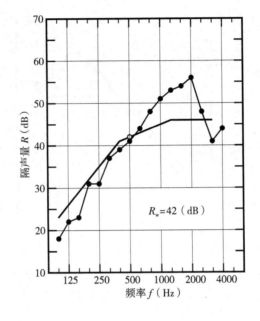

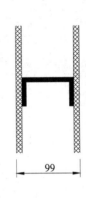

序号 C1-04

频率 f（Hz）	隔声量 R（dB）
100	20
125	26
160	25
200	33
250	37
315	38
400	43
500	43
630	45
800	49
1000	52
1250	54
1600	56
2000	58
2500	50
3150	44
4000	47
R_w	**45**

12mm 纸面石膏板（9kg/m²）+C75mm×50mm 轻钢龙骨 @600mm+ 双层 12mm 纸面石膏板（9kg/m²），2005.1.

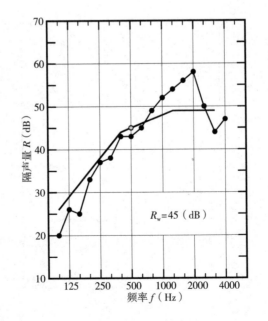

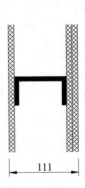

序号 C1-05

频率 f（Hz）	隔声量 R（dB）
100	24
125	30
160	27
200	28
250	39
315	42
400	46
500	47
630	49
800	52
1000	55
1250	57
1600	60
2000	61
2500	56
3150	49
4000	53
R_w	**47**

双层 12mm 纸面石膏板（9kg/m²）+C75mm×50mm 轻钢龙骨 @600mm+ 双层 12mm 纸面石膏板（9kg/m²），2005.1.

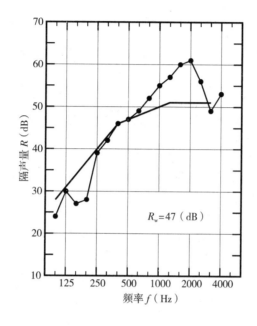

$R_w = 47$（dB）

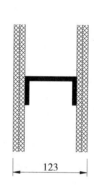

123

序号 C1-06

频率 f（Hz）	隔声量 R（dB）
100	20
125	25
160	33
200	36
250	37
315	42
400	43
500	44
630	48
800	51
1000	53
1250	55
1600	58
2000	58
2500	49
3150	43
4000	48
R_w	**46**

12mm 纸面石膏板（9kg/m²）+C75mm×50mm 轻钢龙骨 @600mm，50mm 岩棉（100kg/m³）+12mm 纸面石膏板（9kg/m²），2005.1.

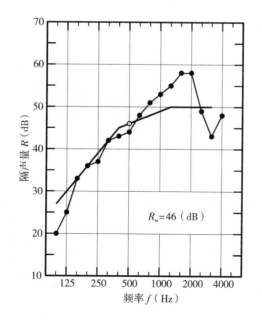

$R_w = 46$（dB）

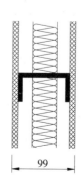

99

序号 C1-07

频率 f (Hz)	隔声量 R (dB)
100	23
125	30
160	33
200	38
250	40
315	42
400	44
500	44
630	49
800	52
1000	54
1250	55
1600	58
2000	59
2500	53
3150	47
4000	52
R_w	**48**

12mm 纸面石膏板（9kg/m^2）+C75mm×50mm 轻钢龙骨 @600mm，50mm 岩棉（100kg/m^3）+ 双层 12mm 纸面石膏板（9kg/m^2），2005.1.

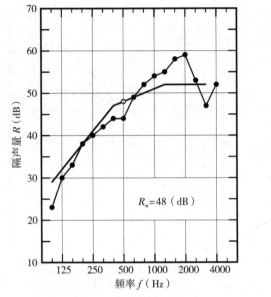

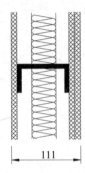

序号 C1-08

频率 f (Hz)	隔声量 R (dB)
100	31
125	35
160	33
200	40
250	41
315	41
400	43
500	45
630	48
800	52
1000	56
1250	57
1600	60
2000	60
2500	56
3150	51
4000	55
R_w	**50**

双层 12mm 纸面石膏板（9kg/m^2）+C75mm×50mm 轻钢龙骨 @600mm，50mm 岩棉（100kg/m^3）+ 双层 12mm 纸面石膏板（9kg/m^2），2005.1.

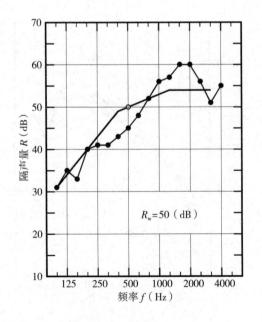

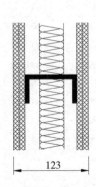

序号 C1-09

频率 f（Hz）	隔声量 R（dB）
100	14
125	21
160	22
200	29
250	31
315	37
400	42
500	43
630	46
800	50
1000	54
1250	56
1600	56
2000	59
2500	51
3150	45
4000	49
R_w	**42**

12mm 防火纸面石膏板 +C75mm 轻钢龙骨 @600mm，25mm 玻璃棉（20kg/m³）+ 12mm 防火纸面石膏板，2000.10.

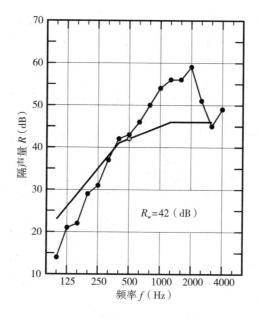

$R_w = 42$（dB）

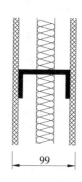

99

序号 C1-10

频率 f（Hz）	隔声量 R（dB）
100	33
125	36
160	41
200	44
250	50
315	54
400	56
500	56
630	57
800	60
1000	61
1250	61
1600	64
2000	62
2500	58
3150	53
4000	51
R_w	**57**

双层 12mm 防火纸面石膏板 +C75mm 轻钢龙骨 @600mm，50mm 玻璃棉（28kg/m³）+ 双层 12mm 防火纸面石膏板，2005.6.

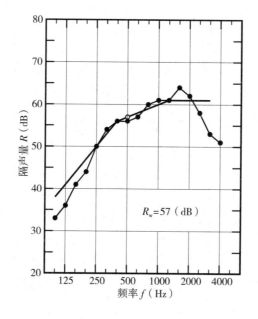

$R_w = 57$（dB）

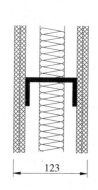

123

序号 C1-11

频率 f（Hz）	隔声量 R（dB）
100	25
125	28
160	33
200	40
250	42
315	47
400	49
500	50
630	52
800	55
1000	56
1250	56
1600	49
2000	42
2500	47
3150	50
4000	53
R_w	**48**

18mm 多功能纸面石膏板 +0.6mm 厚 C75mm 轻钢龙骨 @600mm，75mm 玻璃棉（16kg/m³）+18mm 多功能纸面石膏板，2007.3.

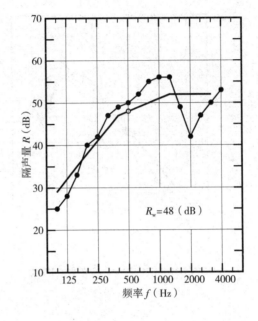

$R_w=48$（dB）

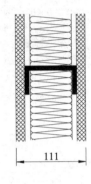

序号 C1-12

频率 f（Hz）	隔声量 R（dB）
100	24
125	30
160	37
200	43
250	45
315	50
400	51
500	53
630	53
800	56
1000	59
1250	61
1600	58
2000	53
2500	53
3150	52
4000	54
R_w	**52**

12mm 耐水纸面石膏板 +12mm 普通纸面石膏板 +0.6mm 厚 C75mm 轻钢龙骨 @600mm，75mm 玻璃棉（16kg/m³）+18mm 单层多功能纸面石膏板，2007.3.

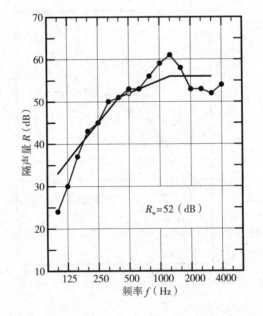

$R_w=52$（dB）

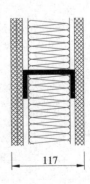

序号 C1-13

频率 f（Hz）	隔声量 R（dB）
100	21
125	29
160	27
200	36
250	37
315	41
400	47
500	49
630	52
800	55
1000	57
1250	60
1600	62
2000	62
2500	56
3150	49
4000	51
R_w	**48**

双层 12mm 纸面石膏板 +0.6mm 厚 C75mm 轻钢龙骨 @600mm+ 双层 12mm 纸面石膏板，2007.12.

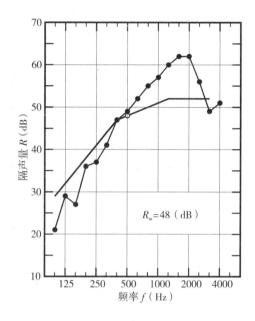

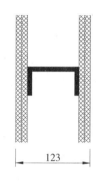

序号 C1-14

频率 f（Hz）	隔声量 R（dB）
100	24
125	31
160	30
200	36
250	39
315	43
400	47
500	47
630	50
800	53
1000	57
1250	62
1600	65
2000	66
2500	63
3150	59
4000	60
R_w	**49**

双层 12mm 纸面石膏板 +0.6mm 厚 C75mm 轻钢龙骨 @600mm+12mm 纸面石膏板 +3mm 橡皮板 +9.5mm 纸面石膏板，2007.12.

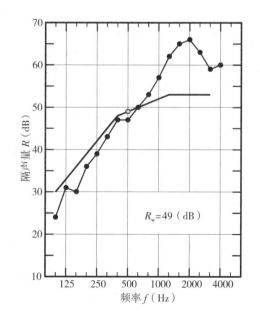

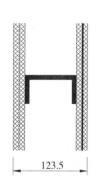

序号 C1-15

频率 f（Hz）	隔声量 R（dB）
100	22
125	28
160	34
200	34
250	42
315	43
400	46
500	47
630	48
800	53
1000	57
1250	64
1600	67
2000	70
2500	69
3150	65
4000	62
R_w	**49**

14.5mm 复合隔声石膏板 +12mm 纸面石膏板 +0.6mm 厚 C75mm 轻钢龙骨 @600mm+12mm 纸面石膏板 +14.5mm 复合隔声石膏板，2008.7.

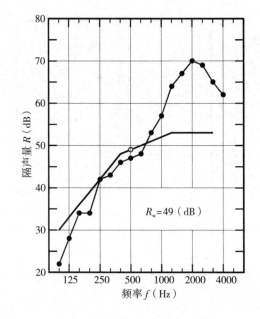

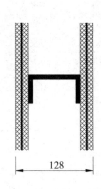

序号 C1-16

频率 f（Hz）	隔声量 R（dB）
100	25
125	34
160	27
200	37
250	42
315	45
400	49
500	51
630	52
800	57
1000	60
1250	62
1600	63
2000	62
2500	54
3150	55
4000	55
R_w	**51**

双层 12mm 隔声纸面石膏板 +0.6mm 厚 C75mm 轻钢龙骨 @600mm+ 双层 12mm 隔声纸面石膏板，2008.9.

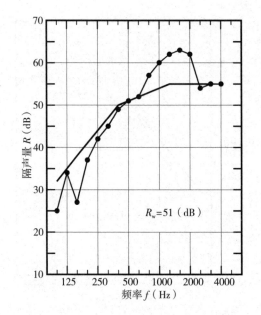

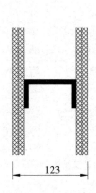

146

序号 C1-17

频率 f（Hz）	隔声量 R（dB）
100	28
125	33
160	39
200	43
250	49
315	50
400	51
500	53
630	56
800	58
1000	61
1250	63
1600	65
2000	65
2500	60
3150	52
4000	54
R_w	**55**

双层 12mm 纸面石膏板 + 弹性隔声条 @600mm+0.6mm 厚 C75mm 轻钢龙骨 @600mm，50mm 玻璃棉（16kg/m³）+ 双层 12mm 纸面石膏板，2008.11.

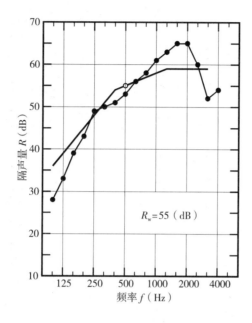

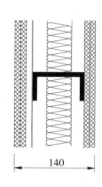

序号 C1-18

频率 f（Hz）	隔声量 R（dB）
100	30
125	38
160	44
200	46
250	50
315	52
400	53
500	52
630	55
800	57
1000	60
1250	62
1600	62
2000	59
2500	50
3150	51
4000	53
R_w	**55**

双层 12mm 隔声纸面石膏板 +0.6mm 厚 C75mm 轻钢龙骨 @600mm，50mm 玻璃棉（16kg/m³）+ 双层 12mm 隔声纸面石膏板，2008.12.

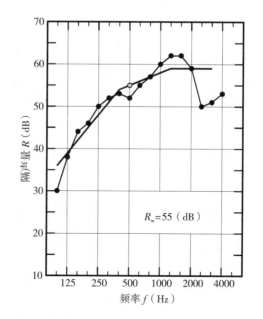

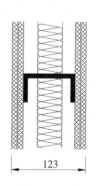

序号 C1-19

频率 f（Hz）	隔声量 R（dB）
100	32
125	36
160	42
200	48
250	50
315	52
400	53
500	52
630	56
800	57
1000	60
1250	61
1600	63
2000	61
2500	52
3150	53
4000	54
R_w	**55**

双层 12mm 隔声纸面石膏板 + 弹性隔声条 @600mm+0.6mm 厚 C75mm 轻钢龙骨 @600mm，50mm 玻璃棉（容重 16kg/m³）+ 双层 12mm 隔声纸面石膏板，2008.12.

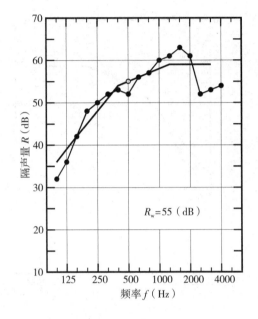

R_w=55（dB）

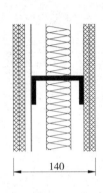

140

序号 C1-20

频率 f（Hz）	隔声量 R（dB）
100	24
125	32
160	42
200	43
250	50
315	52
400	53
500	54
630	57
800	59
1000	61
1250	64
1600	66
2000	66
2500	59
3150	51
4000	52
R_w	**55**

双层 12mm 纸面石膏板 +0.6mm 厚 C75mm 轻钢龙骨 @600mm，50mm 玻璃棉（16kg/m³）+ 双层 12mm 纸面石膏板，2010.7.

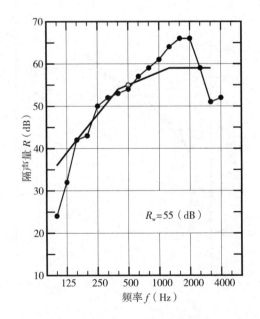

R_w=55（dB）

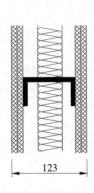

123

序号 C1–21

频率 f（Hz）	隔声量 R（dB）
100	27
125	30
160	36
200	43
250	41
315	44
400	47
500	48
630	51
800	55
1000	59
1250	62
1600	64
2000	63
2500	60
3150	60
4000	61
R_w	**52**

双层 12.5mm 高密度纸面石膏板（11kg/m²）+C75mm×50mm 轻钢龙骨 @600mm，50mm 岩棉（100kg/m³）+ 双层 12mm 纸面石膏板（9kg/m²），2005.1.

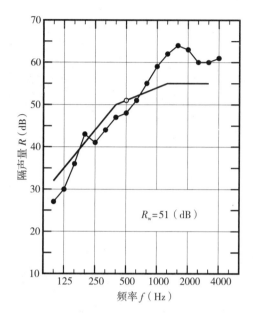

$R_w=51$（dB）

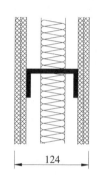

124

序号 C1–22

频率 f（Hz）	隔声量 R（dB）
100	31
125	41
160	42
200	43
250	49
315	51
400	55
500	57
630	56
800	58
1000	60
1250	62
1600	65
2000	65
2500	57
3150	57
4000	59
R_w	**57**

双层 12mm 隔声纸面石膏板 +0.6mm 厚 C75mm 轻钢龙骨 @600mm，50mm 玻璃棉（16kg/m³）+ 双层 12mm 隔声纸面石膏板，2009.5.

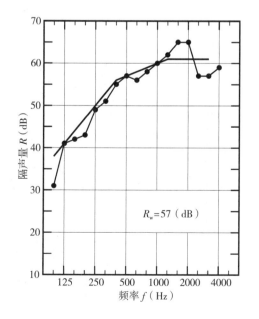

$R_w=57$（dB）

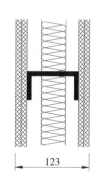

123

序号 C1-23

频率 f（Hz）	隔声量 R（dB）
100	28
125	34
160	40
200	43
250	48
315	52
400	54
500	55
630	58
800	58
1000	60
1250	64
1600	65
2000	65
2500	56
3150	52
4000	53
R_w	**55**

双层 12mm 纸面石膏板 +C100mm 轻钢龙骨 @600mm，50mm 玻璃棉（16kg/m³）+ 双层 12mm 纸面石膏板，2013.9.

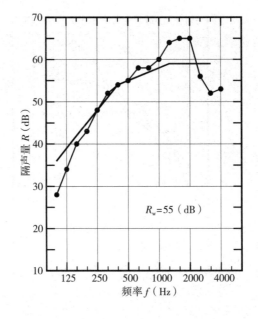

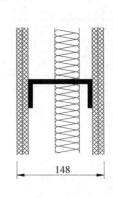

序号 C1-24

频率 f（Hz）	隔声量 R（dB）
100	21
125	24
160	30
200	37
250	43
315	47
400	48
500	51
630	53
800	55
1000	56
1250	56
1600	57
2000	58
2500	60
3150	58
4000	61
R_w	**50**

双层 12mm 防火纸面石膏板 +CH75mm 轻钢龙骨 @600mm，50mm 岩棉（60kg/m³）+25mm 防火纸面石膏板，2005.11.

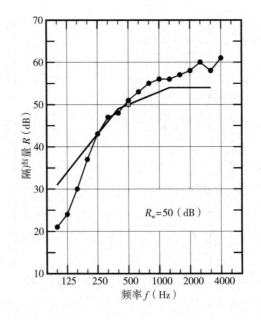

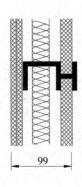

序号 C1-25

频率 f（Hz）	隔声量 R（dB）
100	20
125	21
160	34
200	36
250	34
315	46
400	50
500	51
630	52
800	54
1000	56
1250	56
1600	55
2000	57
2500	57
3150	59
4000	63
R_w	**48**

12mm 普通纸面石膏板 +15mm 普通纸面石膏板 +CH75mm 轻钢龙骨 600mm，50mm 岩棉（60kg/m³）+25mm 防火纸面石膏板，2006.10.

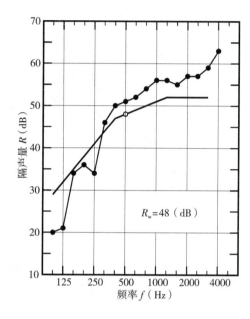

R_w=48（dB）

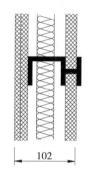

102

151

序号 C2-01

频率 f（Hz）	隔声量 R（dB）
100	28
125	33
160	37
200	43
250	47
315	49
400	55
500	55
630	60
800	62
1000	66
1250	71
1600	67
2000	60
2500	61
3150	62
4000	60
R_w	**56**

双层 15mm 防火纸面石膏板 +C50mm 轻钢龙骨 @600mm，+ 三层 15mm 防火纸面石膏板 +C50mm 轻钢龙骨 @600mm，+ 双层 15mm 防火纸面石膏板，双排龙骨交错 300mm，2000.10.

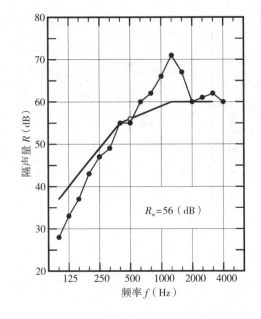

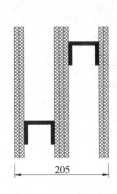

序号 C2-02

频率 f（Hz）	隔声量 R（dB）
100	32
125	43
160	48
200	48
250	48
315	51
400	54
500	55
630	58
800	61
1000	63
1250	65
1600	68
2000	69
2500	66
3150	68
4000	68
R_w	**59**

双层 15mm 防火纸面石膏板 +C50mm 轻钢龙骨 @600mm，25mm 玻璃棉（20kg/m³）+ 三层 15mm 防火纸面石膏板 +C50mm 轻钢龙骨 @600mm，25mm 玻璃棉（20kg/m³）+ 双层 15mm 防火纸面石膏板，双排龙骨交错 300mm，2000.8.

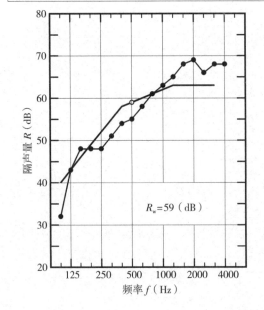

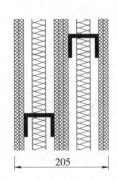

序号 C2-03

频率 f（Hz）	隔声量 R（dB）
100	35
125	37
160	42
200	47
250	54
315	56
400	56
500	57
630	59
800	62
1000	65
1250	67
1600	70
2000	72
2500	71
3150	66
4000	62
R_w	**60**

双层 12mm 纸面石膏板 +0.7mm 厚 C50mm 轻钢龙骨 @400，40mm 岩棉（96kg/m³）+12mm 空腔 +0.7mm 厚 C50mm 轻钢龙骨 @400，40mm 岩棉（96kg/m³）+ 双层 12mm 纸面石膏板，双排龙骨交错 200mm，2008.9.

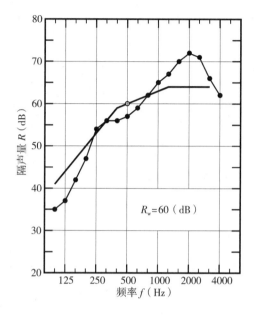

$R_w = 60$（dB）

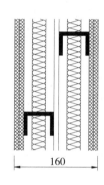

序号 C2-04

频率 f（Hz）	隔声量 R（dB）
100	31
125	40
160	46
200	49
250	52
315	54
400	53
500	57
630	58
800	60
1000	63
1250	64
1600	67
2000	66
2500	58
3150	57
4000	59
R_w	**58**

双层 12mm 隔声纸面石膏板 +C50mm 轻钢龙骨 @600mm，50mm 玻璃棉（16kg/m³）+12mm 隔声纸面石膏板 +10mm 空腔 +C50mm 轻钢龙骨 @600mm，50mm 玻璃棉（16kg/m³）+ 双层 12mm 隔声纸面石膏板，双排龙骨交错 300mm，2009.5.

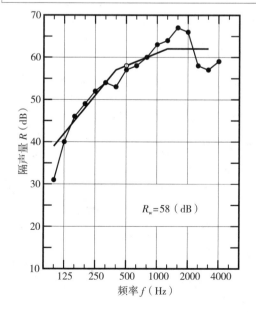

$R_w = 58$（dB）

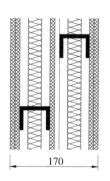

序号 C2-05

频率 f (Hz)	隔声量 R (dB)
100	39
125	44
160	43
200	49
250	52
315	54
400	55
500	57
630	59
800	60
1000	63
1250	65
1600	67
2000	68
2500	61
3150	59
4000	54
R_w	**60**

双层 12mm 隔声纸面石膏板 +C50mm 轻钢龙骨 @400mm，50mm 玻璃棉（16kg/m³）+12mm 空腔 +C50mm 轻钢龙骨 @400mm，50mm 玻璃棉（16kg/m³）+双层 12mm 隔声纸面石膏板，双排龙骨交错 200mm，2009.7.

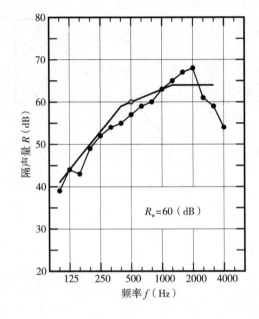

$R_w=60$ (dB)

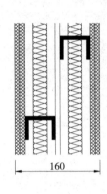

序号 C2-06

频率 f (Hz)	隔声量 R (dB)
100	32
125	32
160	36
200	45
250	51
315	53
400	55
500	57
630	59
800	59
1000	62
1250	64
1600	66
2000	65
2500	61
3150	55
4000	47
R_w	**57**

双层 12mm 纸面石膏板 +C50mm 轻钢龙骨 @400mm，50mm 岩棉（60kg/m³）+12mm 纸面石膏板 +C50mm 轻钢龙骨 @400mm，50mm 岩棉（60kg/m³）+ 双层 12mm 纸面石膏板，双排龙骨交错 200mm，2009.8.

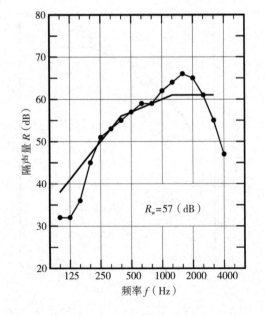

$R_w=57$ (dB)

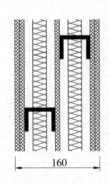

序号 C2-07

频率 f（Hz）	隔声量 R（dB）
100	36
125	38
160	43
200	45
250	50
315	52
400	53
500	54
630	55
800	59
1000	61
1250	64
1600	66
2000	66
2500	60
3150	58
4000	59
R_w	**57**

双层 12mm 纸面石膏板 +C50mm 轻钢龙骨 @400mm，50mm 玻璃棉（16kg/m³）+ 12mm 空腔 +C50mm 轻钢龙骨 @400mm，50mm 玻璃棉（16kg/m³）+ 双层 12mm 纸面石膏板，双排龙骨交错 200mm，2012.11.

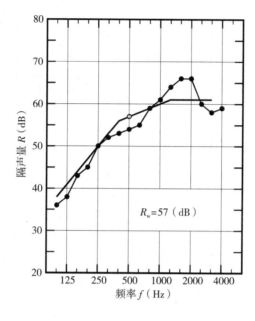

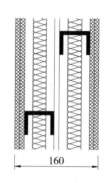

序号 C2-08

频率 f（Hz）	隔声量 R（dB）
100	37
125	40
160	44
200	45
250	50
315	55
400	58
500	59
630	60
800	61
1000	62
1250	65
1600	67
2000	67
2500	58
3150	55
4000	53
R_w	**59**

双层 12mm 纸面石膏板 +C50mm 轻钢龙骨 @600mm，50mm 玻璃棉（16kg/m³）+ 12mm 空腔 +C50mm 轻钢龙骨 @600mm，50mm 玻璃棉（16kg/m³）+ 双层 12mm 纸面石膏板，双排龙骨对齐，2013.9.

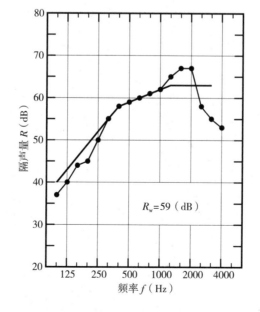

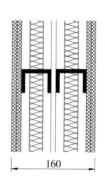

序号 C2-09

频率 f（Hz）	隔声量 R（dB）
100	32
125	33
160	39
200	46
250	53
315	55
400	57
500	60
630	62
800	65
1000	67
1250	70
1600	70
2000	71
2500	70
3150	60
4000	56
R_w	**59**

双层 12mm 纸面石膏板 +C50mm 轻钢龙骨 @600mm，25mm 玻璃棉（28kg/m³）+ 10mm 空腔 +12mm 纸面石膏板 +C50mm 轻钢龙骨 @600mm，25mm 玻璃棉（28kg/m³）+ 双层 12mm 纸面石膏板，双排龙骨对齐，2005.6.

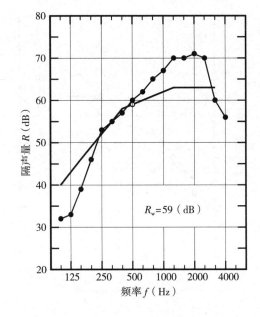

R_w=59（dB）

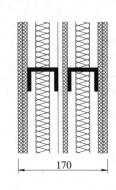

序号 C2-10

频率 f（Hz）	隔声量 R（dB）
100	26
125	28
160	34
200	43
250	50
315	50
400	54
500	56
630	58
800	59
1000	58
1250	59
1600	60
2000	62
2500	62
3150	59
4000	60
R_w	**55**

12mm 纸面石膏板 +C50mm 轻钢龙骨 @600mm+ 双层 12mm 防火纸面石膏板 + CH75mm 轻钢龙骨 @600mm，50mm 岩棉（60kg/m³）+25mm 防火纸面石膏板，2006.4.

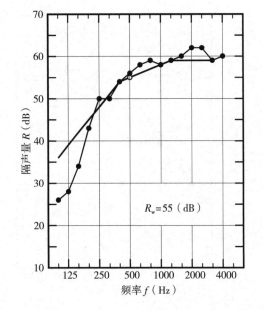

R_w=55（dB）

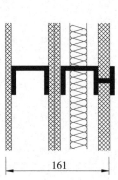

序号 C2-11

频率 f（Hz）	隔声量 R（dB）
100	26
125	27
160	33
200	37
250	44
315	50
400	52
500	53
630	56
800	58
1000	60
1250	61
1600	60
2000	62
2500	62
3150	60
4000	62
R_w	**52**

12mm 纸面石膏板 +C50mm 轻钢龙骨 @600mm+12mm 纸面石膏板 +CH75mm 轻钢龙骨 @600mm，50mm 岩棉（60kg/m³）+25mm 防火纸面石膏板，2006.10.

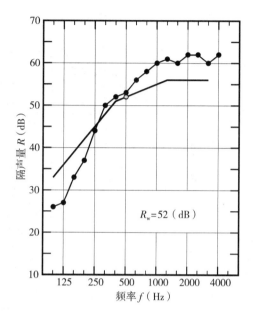

$R_w=52$（dB）

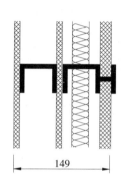

149

序号 C2-12

频率 f（Hz）	隔声量 R（dB）
100	32
125	36
160	42
200	45
250	50
315	51
400	53
500	54
630	56
800	59
1000	61
1250	64
1600	66
2000	66
2500	61
3150	53
4000	55
R_w	**56**

双层 12mm 纸面石膏板 +0.6mm 厚 C75mm 轻钢龙骨 @600mm，75mm 玻璃棉（16kg/m³）+0.6mm 厚 C75mm 轻钢龙骨 @600mm+ 双层 12mm 纸面石膏板，双排龙骨交错 300mm，2008.11.

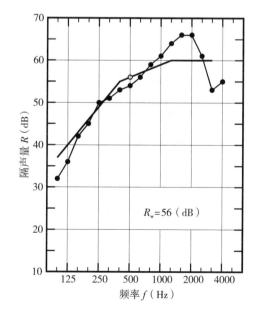

$R_w=56$（dB）

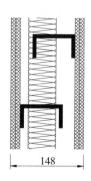

148

序号 C2-13

频率 f（Hz）	隔声量 R（dB）
100	28
125	37
160	40
200	46
250	48
315	50
400	52
500	54
630	55
800	57
1000	57
1250	58
1600	58
2000	63
2500	63
3150	61
4000	60
R_w	**56**

双层 12mm 纸面石膏板（9kg/m²）+C75mm×50mm 轻钢龙骨 @600mm+50mm 岩棉（100kg/m³）+C75mm×50mm 轻钢龙骨 @600mm+ 双层 12mm 纸面石膏板（9kg/m²），双排龙骨交错 300mm，2005.1.

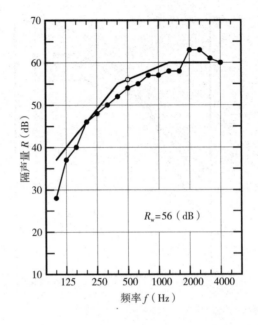

$R_w=56$（dB）

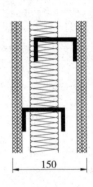

序号 C2-14

频率 f（Hz）	隔声量 R（dB）
100	30
125	38
160	28
200	47
250	46
315	46
400	51
500	53
630	56
800	59
1000	61
1250	64
1600	66
2000	65
2500	54
3150	53
4000	57
R_w	**53**

双层 12mm 纸面石膏板（9kg/m²）+C75mm×50mm 轻钢龙骨 @600mm+C75mm×50mm 轻钢龙骨 @600mm+ 双层 12mm 纸面石膏板（9kg/m²），双排龙骨交错 300mm，2005.1.

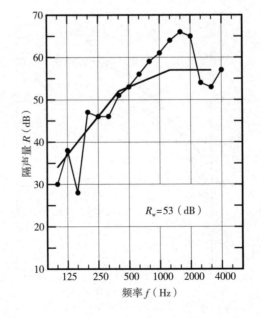

$R_w=53$（dB）

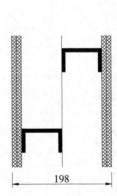

序号 C2-15

频率 f（Hz）	隔声量 R（dB）
100	34
125	39
160	44
200	49
250	51
315	52
400	53
500	54
630	58
800	62
1000	64
1250	66
1600	67
2000	68
2500	60
3150	59
4000	61
R_w	**58**

双层 12mm 纸面石膏板（9kg/m²）+C75mm×50mm 轻钢龙骨 @600mm+50mm 岩棉（100kg/m³）+C75mm×50mm 轻钢龙骨 @600mm+ 双层 12mm 纸面石膏板（9kg/m²），双排龙骨交错 300mm，2005.1.

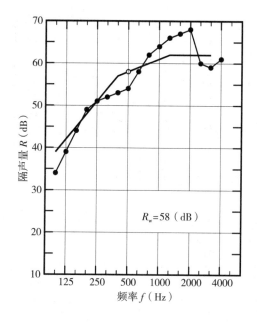

$R_w=58$（dB）

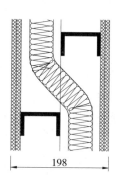

198

序号 C2-16

频率 f（Hz）	隔声量 R（dB）
100	37
125	41
160	43
200	47
250	52
315	54
400	55
500	58
630	60
800	62
1000	63
1250	63
1600	66
2000	66
2500	63
3150	58
4000	54
R_w	**60**

12mm 纸面石膏板 +12mm 隔声纸面石膏板 +C75mm 轻钢龙骨 @400mm，50mm 玻璃棉（16kg/m³）+12mm 隔声纸面石膏板 +C75mm 轻钢龙骨 @400mm，50mm 玻璃棉（16kg/m³）+12mm 隔声纸面石膏板 +12mm 纸面石膏板，双排龙骨交错 200mm，2009.7.

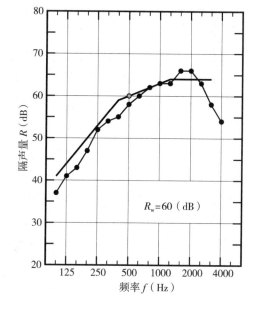

$R_w=60$（dB）

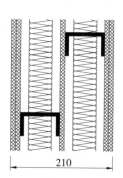

210

序号 C3-01

频率 f（Hz）	隔声量 R（dB）
100	18
125	24
160	33
200	35
250	35
315	42
400	43
500	45
630	47
800	50
1000	52
1250	54
1600	57
2000	58
2500	49
3150	43
4000	48
R_w	**46**

12mm 石膏板 +0.63mm 厚 C75mm 轻钢龙骨 @600mm，50mm 岩棉 +12mm 石膏板，1989.4.

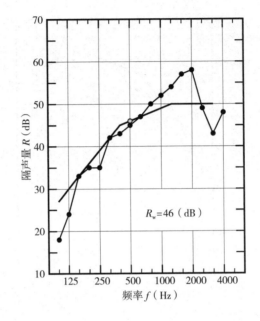

序号 C3-02

频率 f（Hz）	隔声量 R（dB）
100	18
125	26
160	33
200	38
250	44
315	48
400	51
500	53
630	56
800	58
1000	61
1250	63
1600	65
2000	66
2500	59
3150	56
4000	60
R_w	**51**

12mm 石膏板 + 水平金属减震条 @600+0.63mm 厚 C75mm 轻钢龙骨 @600mm，50mm 岩棉 + 水平金属减震条 @600+12mm 石膏板，1989.4.

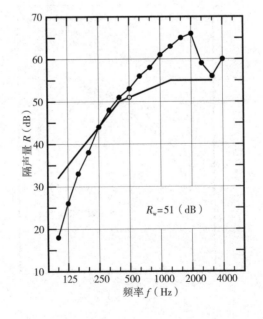

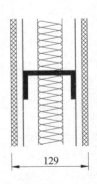

160

序号 C3–03

频率 f（Hz）	隔声量 R（dB）
100	17
125	24
160	34
200	39
250	43
315	46
400	49
500	53
630	55
800	59
1000	60
1250	62
1600	64
2000	66
2500	61
3150	55
4000	57
R_w	**50**

12mm 石膏板 +35mm×45mm×3.5mm 天然橡胶垫块 @400+0.63mm 厚 C75mm 轻钢龙骨 @600mm，50mm 岩棉 +35mm×45mm×3.5mm 天然橡胶垫块 @400+12mm 石膏板，1989.4.

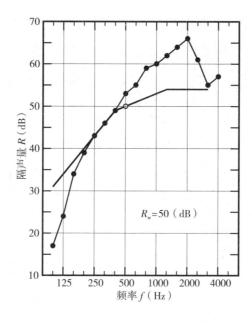

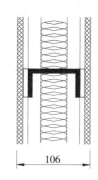

序号 C3–04

频率 f（Hz）	隔声量 R（dB）
100	23
125	30
160	32
200	37
250	39
315	41
400	43
500	43
630	49
800	51
1000	53
1250	55
1600	57
2000	58
2500	53
3150	48
4000	42
R_w	**48**

12mm 石膏板 +0.63mm 厚 C75mm 轻钢龙骨 @600mm+50mm 岩棉 + 双层 12mm 石膏板，1989.4.

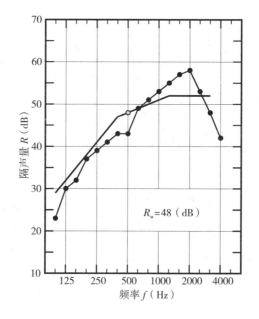

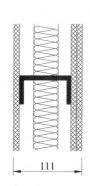

序号 C3–05

频率 f（Hz）	隔声量 R（dB）
100	24
125	34
160	37
200	44
250	47
315	49
400	50
500	53
630	56
800	59
1000	61
1250	62
1600	64
2000	67
2500	60
3150	60
4000	63
R_w	**55**

12mm 石膏板 + 水平金属减震条 @600+0.63mm 厚 C75mm 轻钢龙骨 @600mm，50mm 岩棉 + 水平金属减震条 @600+ 双层 12mm 石膏，1989.4.

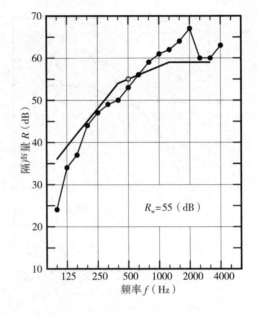

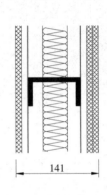

序号 C3–06

频率 f（Hz）	隔声量 R（dB）
100	21
125	32
160	38
200	41
250	47
315	47
400	50
500	51
630	55
800	58
1000	60
1250	61
1600	63
2000	66
2500	61
3150	57
4000	61
R_w	**53**

12mm 石膏板 +35mm×45mm×3.5mm 天然橡胶垫块 @400+0.63mm 厚 C75mm 轻钢龙骨 @600mm，50mm 岩棉 +35mm×45mm×3.5mm 天然橡胶垫块 @400+ 双层 12mm 石膏板，1989.4.

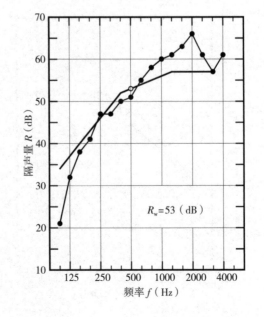

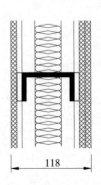

序号 C3-07

频率 f（Hz）	隔声量 R（dB）
100	30
125	34
160	33
200	40
250	41
315	41
400	43
500	45
630	49
800	54
1000	55
1250	58
1600	59
2000	60
2500	56
3150	51
4000	55
R_w	**50**

双层 12mm 石膏板 +0.63mm 厚 C75mm 轻钢龙骨 @600mm，50mm 岩棉 + 双层 12mm 石膏板，1989.4.

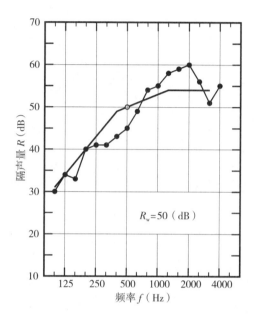

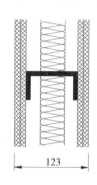

序号 C3-08

频率 f（Hz）	隔声量 R（dB）
100	30
125	34
160	45
200	47
250	50
315	49
400	51
500	53
630	56
800	60
1000	61
1250	62
1600	65
2000	66
2500	60
3150	60
4000	65
R_w	**57**

双层 12mm 石膏板 + 水平金属减震条 @600+0.63mm 厚 C75mm 轻钢龙骨 @600mm，50mm 岩棉 + 水平金属减震条 @600+ 双层 12mm 石膏板，1989.4.

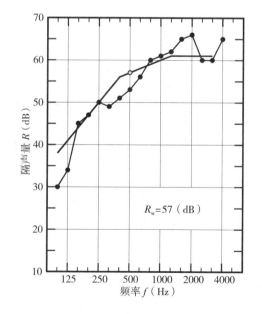

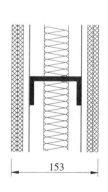

序号 C3-09

频率 f（Hz）	隔声量 R（dB）
100	28
125	38
160	44
200	46
250	50
315	49
400	52
500	54
630	55
800	59
1000	60
1250	60
1600	63
2000	67
2500	65
3150	61
4000	64
R_w	**57**

双层 12mm 石膏板 +35mm×45mm×3.5mm 天然橡胶垫块 @400+0.63mm 厚 C75mm 轻钢龙骨 @600mm，50mm 岩棉 +35mm×45mm×3.5mm 天然橡胶垫块 @400+ 双层 12mm 石膏板，1989.4.

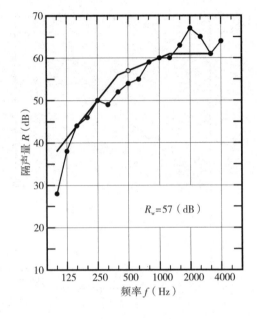

$R_w=57$（dB）

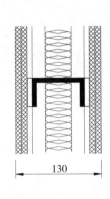

序号 C3-10

频率 f（Hz）	隔声量 R（dB）
100	20
125	25
160	33
200	36
250	37
315	42
400	43
500	44
630	48
800	52
1000	54
1250	55
1600	57
2000	58
2500	50
3150	44
4000	47
R_w	**46**

12mm 石膏板 +0.63mm 厚 C75mm 轻钢龙骨 @600mm，50mm 岩棉 +12mm 石膏板，1989.4.

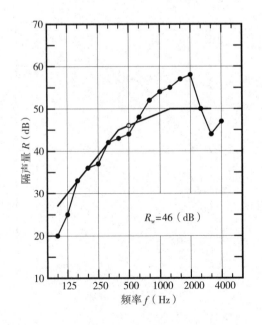

$R_w=46$（dB）

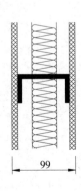

164

序号 C3-11

频率 f（Hz）	隔声量 R（dB）
100	20
125	27
160	31
200	35
250	35
315	39
400	42
500	43
630	46
800	49
1000	53
1250	54
1600	56
2000	56
2500	49
3150	43
4000	47
R_w	**45**

12mm 石膏板 +0.63mm 厚 C75mm 轻钢龙骨 @600mm，50mm 岩棉 +12mm 石膏板，两侧石膏板上各装 3 个接线盒，位置背对背，1989.4.

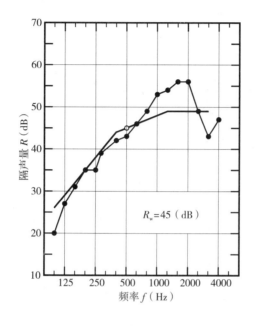

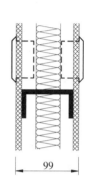

序号 C3-12

频率 f（Hz）	隔声量 R（dB）
100	23
125	31
160	33
200	36
250	40
315	42
400	44
500	46
630	44
800	52
1000	54
1250	55
1600	58
2000	59
2500	54
3150	48
4000	51
R_w	**48**

12mm 石膏板 +0.63mm 厚 C75mm 轻钢龙骨 @600mm，50mm 岩棉 + 双层 12mm 石膏板，1989.4.

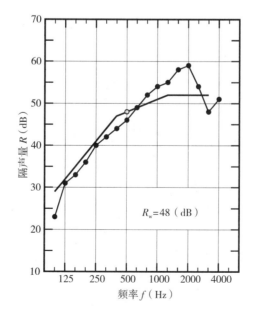

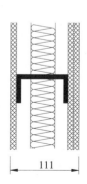

序号 C3–13

频率 f（Hz）	隔声量 R（dB）
100	27
125	32
160	34
200	36
250	39
315	41
400	43
500	44
630	48
800	50
1000	53
1250	55
1600	58
2000	58
2500	54
3150	47
4000	51
R_w	**48**

12mm 石膏板 +0.63mm 厚 C75mm 轻钢龙骨 @600mm，50mm 岩棉 + 双层 12mm 石膏板，两侧板上各装 3 个接线盒，位置背对背，1989.4.

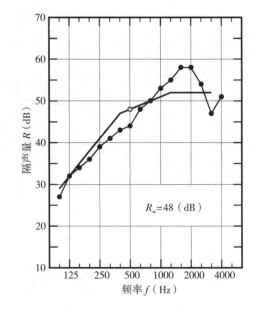

$R_w=48$（dB）

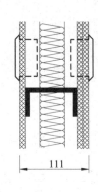

序号 C3–14

频率 f（Hz）	隔声量 R（dB）
100	31
125	34
160	33
200	38
250	41
315	42
400	44
500	46
630	48
800	51
1000	55
1250	57
1600	60
2000	61
2500	57
3150	49
4000	53
R_w	**50**

双层 12mm 石膏板 +0.63mm 厚 C75mm 轻钢龙骨 @600mm，50mm 岩棉 + 双层 12mm 石膏板，1989.4.

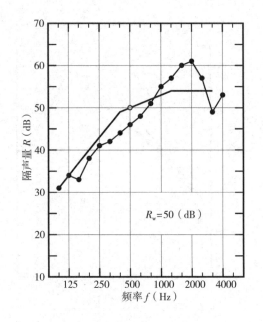

$R_w=50$（dB）

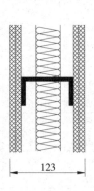

序号 C3-15

频率 f（Hz）	隔声量 R（dB）
100	31
125	35
160	33
200	40
250	41
315	42
400	43
500	45
630	48
800	52
1000	55
1250	58
1600	60
2000	61
2500	57
3150	51
4000	55
R_w	**50**

双层 12mm 石膏板 +0.63mm 厚 C75mm 轻钢龙骨 @600mm，50mm 岩棉 + 双层 12mm 石膏板，两侧板上各装 3 个接线盒，位置背对背 1989.4.

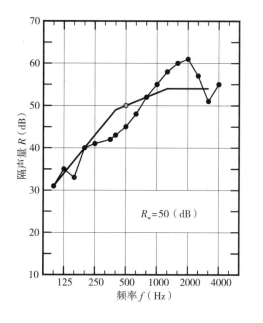

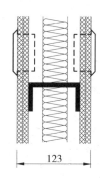

序号 C3-16

频率 f（Hz）	隔声量 R（dB）
100	26
125	31
160	34
200	38
250	37
315	42
400	43
500	42
630	48
800	50
1000	54
1250	57
1600	59
2000	61
2500	58
3150	51
4000	53
R_w	**48**

12mm 石膏板 +0.63mm 厚 C75mm 轻钢龙骨 @600mm，50mm 岩棉 +9.5mm 石膏板 +12mm 石膏板，1989.4.

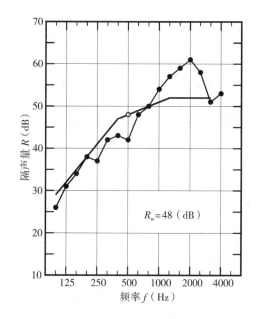

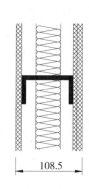

序号 C3-17

频率 f（Hz）	隔声量 R（dB）
100	30
125	32
160	36
200	40
250	40
315	45
400	45
500	47
630	49
800	53
1000	57
1250	58
1600	62
2000	65
2500	64
3150	57
4000	56
R_w	**51**

12mm 石膏板 +9.5mm 石膏板 +0.63mm 厚 C75mm 轻钢龙骨 @600mm，50mm 岩棉 +9.5mm 石膏板 +12mm 石膏板，1989.4.

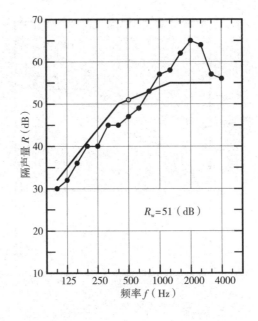

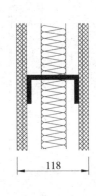

序号 C3-18

频率 f（Hz）	隔声量 R（dB）
100	19
125	25
160	33
200	34
250	38
315	44
400	44
500	46
630	48
800	48
1000	45
1250	45
1600	45
2000	44
2500	41
3150	38
4000	40
R_w	**43**

12mm 石膏板 +0.63mm 厚 C75mm 轻钢龙骨 @600mm，50mm 岩棉 +12mm 石膏板，板缝框缝全部不嵌缝，1989.4.

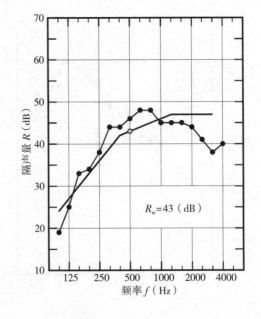

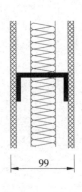

序号 C3-19

频率 f（Hz）	隔声量 R（dB）
100	16
125	25
160	21
200	30
250	31
315	37
400	40
500	43
630	44
800	46
1000	44
1250	42
1600	43
2000	41
2500	39
3150	37
4000	37
R_w	**40**

12mm 石膏板 +0.63mm 厚 C75mm 轻钢龙骨 @600mm，+ 双层 12mm 石膏板，板缝框缝全不嵌缝，1989.4.

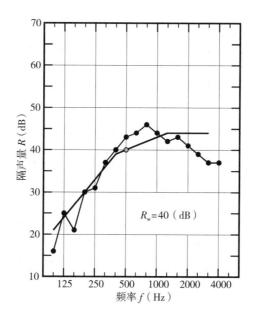

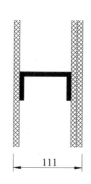

序号 C3-20

频率 f（Hz）	隔声量 R（dB）
100	20
125	27
160	25
200	33
250	37
315	38
400	43
500	44
630	45
800	49
1000	51
1250	55
1600	57
2000	58
2500	50
3150	44
4000	46
R_w	**45**

12mm 石膏板 +0.63mm 厚 C75mm 轻钢龙骨 @600mm，+ 双层 12mm 石膏板，1989.4.

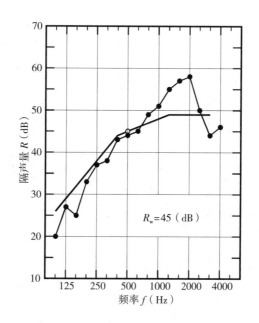

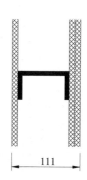

序号 C3–21

频率 f（Hz）	隔声量 R（dB）
100	18
125	25
160	22
200	30
250	31
315	37
400	42
500	43
630	44
800	46
1000	44
1250	43
1600	44
2000	42
2500	39
3150	37
4000	38
R_w	**40**

12mm 石膏板 +0.63mm 厚 C75mm 轻钢龙骨 @600mm，+12mm 石膏板，不嵌板缝，只嵌框缝，1989.4.

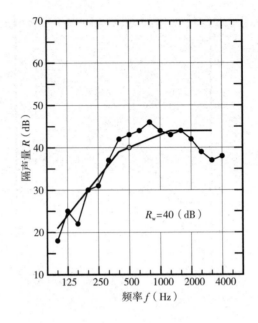

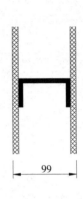

序号 C3–22

频率 f（Hz）	隔声量 R（dB）
100	14
125	23
160	19
200	28
250	28
315	34
400	37
500	40
630	41
800	43
1000	41
1250	40
1600	41
2000	39
2500	35
3150	33
4000	34
R_w	**37**

12mm 石膏板 +0.63mm 厚 C75mm 轻钢龙骨 @600mm，+12mm 石膏板，板缝框缝全不嵌缝，1989.4.

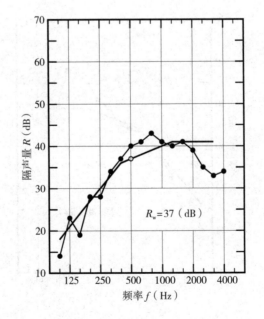

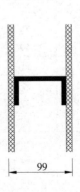

序号 C3-23

频率 f（Hz）	隔声量 R（dB）
100	17
125	27
160	25
200	34
250	33
315	38
400	42
500	44
630	46
800	50
1000	52
1250	54
1600	56
2000	56
2500	48
3150	42
4000	44
R_w	**44**

12mm 石膏板 +0.63mm 厚 C75mm 轻钢龙骨 @600mm，+12mm 石膏板，1989.4.

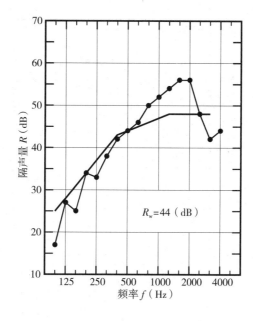

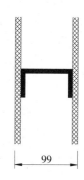

序号 C3-24

频率 f（Hz）	隔声量 R（dB）
100	20
125	27
160	32
200	39
250	44
315	47
400	49
500	50
630	50
800	55
1000	59
1250	60
1600	62
2000	64
2500	56
3150	53
4000	56
R_w	**50**

12mm 石膏板 + 水平金属减震条 @600+0.63mm 厚 C75mm 轻钢龙骨 @600mm，50mm 岩棉 + 水平金属减震条 @600+12mm 石膏板，两侧板上各装 3 个接线盒，位置背对背，1989.4.

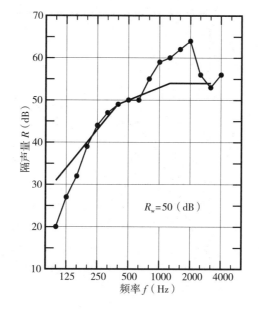

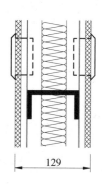

序号 C3–25

频率 f（Hz）	隔声量 R（dB）
100	18
125	27
160	33
200	41
250	46
315	48
400	49
500	52
630	52
800	56
1000	60
1250	60
1600	61
2000	64
2500	56
3150	52
4000	56
R_w	**50**

12mm 石膏板 + 水平金属减震条 @600+0.63mm 厚 C75mm 轻钢龙骨 @600mm，50mm 岩棉 + 水平金属减震条 @600+12mm 石膏板，两侧板上各装 3 个接线盒，位置背对背，发声室与接收室位置互换，1989.4.

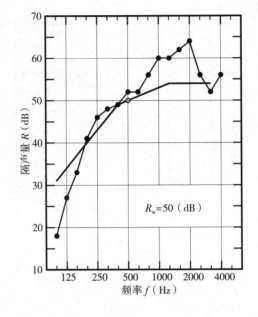

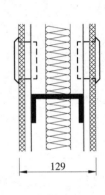

序号 C3–26

频率 f（Hz）	隔声量 R（dB）
100	18
125	19
160	28
200	33
250	37
315	40
400	44
500	47
630	49
800	50
1000	52
1250	51
1600	52
2000	49
2500	45
3150	45
4000	49
R_w	**44**

12mm 石膏板 +1.0mm 厚 C70mm×50mm 轻钢龙骨 @600mm，50mm 玻璃棉 +12mm 石膏板，2007.5.

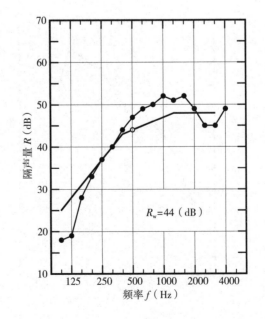

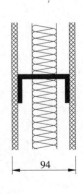

172

序号 C3-27

频率 f（Hz）	隔声量 R（dB）
100	24
125	25
160	34
200	37
250	42
315	44
400	48
500	51
630	51
800	53
1000	54
1250	58
1600	58
2000	55
2500	52
3150	51
4000	54
R_w	**50**

12mm 石膏板 +1.0mm 厚 C70mm×50mm 轻钢龙骨 @600mm，50mm 玻璃棉 + 双层 12mm 石膏板，2007.5.

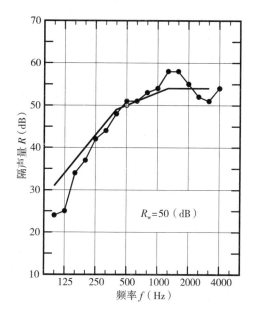

$R_w=50$（dB）

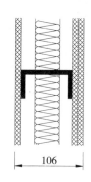

106

序号 C3-28

频率 f（Hz）	隔声量 R（dB）
100	27
125	30
160	39
200	41
250	46
315	48
400	50
500	50
630	51
800	52
1000	56
1250	58
1600	59
2000	58
2500	57
3150	57
4000	60
R_w	**53**

双层 12mm 石膏板 +1.0mm 厚 C70mm×50mm 轻钢龙骨 @600mm，50mm 玻璃棉 + 双层 12mm 石膏板，2007.5.

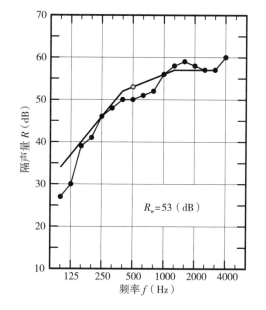

$R_w=53$（dB）

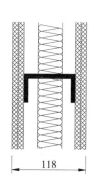

118

序号 C3–29

频率 f（Hz）	隔声量 R（dB）
100	20
125	25
160	33
200	36
250	37
315	42
400	43
500	44
630	48
800	51
1000	53
1250	55
1600	58
2000	58
2500	49
3150	43
4000	48
R_w	**46**

12mm 石膏板 +1mm 厚 C70mm×50mm 轻钢龙骨 @600mm，50mm 岩棉（100kg/m³）+12mm 石膏板，2018.1.

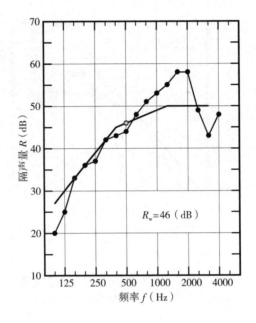

$R_w=46$（dB）

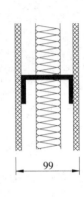

序号 C3–30

频率 f（Hz）	隔声量 R（dB）
100	19
125	23
160	33
200	31
250	37
315	38
400	44
500	47
630	51
800	54
1000	57
1250	60
1600	63
2000	62
2500	60
3150	55
4000	52
R_w	**47**

12mm 石膏板（10kg/m²）+13mm 软质纤维条 +1mm 厚 C70mm×50mm 轻钢龙骨 @600mm，+13mm 软质纤维条 +12mm 石膏板（10kg/m²），1981.2.

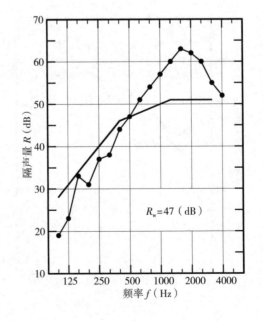

$R_w=47$（dB）

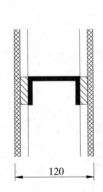

序号 C3-31

频率 f（Hz）	隔声量 R（dB）
100	26
125	27
160	35
200	34
250	43
315	37
400	44
500	50
630	54
800	55
1000	58
1250	63
1600	64
2000	63
2500	63
3150	58
4000	58
R_w	**49**

12mm 石膏板（10kg/m²）+13mm 软质纤维条 +1mm 厚 C70mm×50mm 轻钢龙骨 @600mm，+13mm 软质纤维条 + 双层 12mm 石膏板（10kg/m²），1981.2.

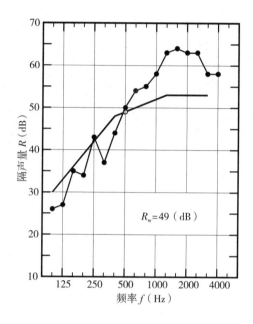

$R_w = 49$（dB）

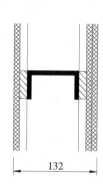

132

序号 C3-32

频率 f（Hz）	隔声量 R（dB）
100	29
125	33
160	38
200	40
250	42
315	43
400	45
500	51
630	54
800	56
1000	59
1250	63
1600	65
2000	65
2500	64
3150	61
4000	62
R_w	**53**

双层 12mm 石膏板（10kg/m²）+13mm 软质纤维条 +1mm 厚 C70mm×50mm 轻钢龙骨 @600mm，+13mm 软质纤维条 + 双层 12mm 石膏板（10kg/m²），1981.2.

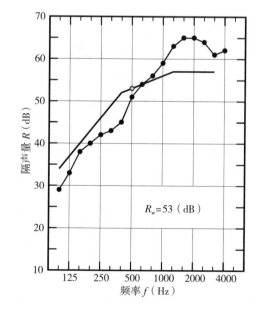

$R_w = 53$（dB）

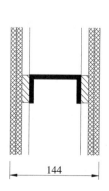

144

序号 C3-33

频率 f（Hz）	隔声量 R（dB）
100	31
125	35
160	40
200	40
250	44
315	46
400	49
500	51
630	55
800	57
1000	60
1250	64
1600	65
2000	65
2500	64
3150	62
4000	62
R_w	**54**

双层 12mm 石膏板（10kg/m²）+13mm 软质纤维条 +1mm 厚 C70mm×50mm 轻钢龙骨 @600mm，+13mm 软质纤维条 + 三层 12mm 石膏板（10kg/m²），1981.2.

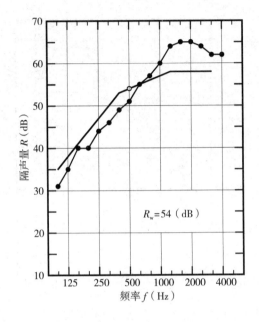

$R_w=54$（dB）

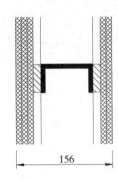

156

序号 C3-34

频率 f（Hz）	隔声量 R（dB）
100	25
125	37
160	41
200	44
250	45
315	49
400	53
500	54
630	55
800	56
1000	59
1250	60
1600	63
2000	65
2500	64
3150	60
4000	60
R_w	**55**

3mm 腻子找平 + 双层 12mm 石膏板 +C75mm 轻钢龙骨，50mm 岩棉（80kg/m³）+ 双层 12mm 石膏板 +3mm 腻子找平，2017.5.

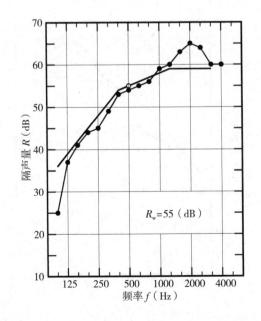

$R_w=55$（dB）

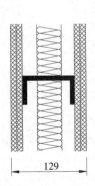

129

序号 C3–35

频率 f（Hz）	隔声量 R（dB）
100	19
125	29
160	36
200	37
250	42
315	45
400	48
500	50
630	53
800	55
1000	58
1250	61
1600	63
2000	64
2500	62
3150	59
4000	56
R_w	**50**

3mm 腻子找平 +12mm 石膏板 +C75mm 轻钢龙骨，50mm 岩棉（80kg/m³）+12mm 石膏板 +3mm 腻子找平，2017.5.

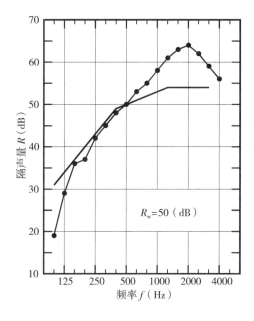

序号 C3–36

频率 f（Hz）	隔声量 R（dB）
100	17
125	31
160	32
200	38
250	41
315	42
400	46
500	46
630	47
800	50
1000	53
1250	55
1600	58
2000	57
2500	49
3150	48
4000	52
R_w	**48**

3mm 腻子找平 + 双层 12mm 石膏板 +C75mm 轻钢龙骨 + 双层 12mm 石膏板 + 3mm 腻子找平，2017.5.

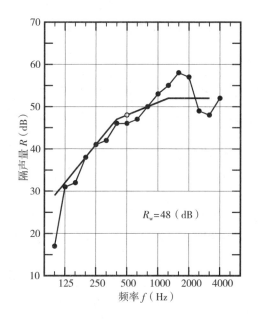

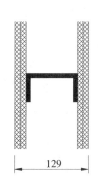

序号 C3-37

频率 f（Hz）	隔声量 R（dB）
100	17
125	27
160	32
200	36
250	42
315	44
400	46
500	48
630	50
800	53
1000	55
1250	57
1600	58
2000	56
2500	48
3150	46
4000	51
R_w	**47**

3mm 腻子找平 +12mm 石膏板 +C100mm 轻钢龙骨，50mm 岩棉（80kg/m³）+ 12mm 石膏板 +3mm 腻子找平，2017.5

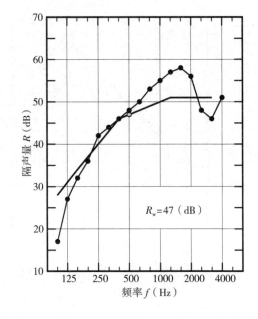

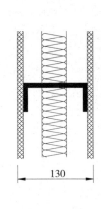

序号 C3-38

频率 f（Hz）	隔声量 R（dB）
100	27
125	39
160	43
200	43
250	47
315	46
400	49
500	48
630	51
800	55
1000	58
1250	61
1600	63
2000	65
2500	59
3150	55
4000	58
R_w	**54**

3mm 腻子找平 + 双层 12mm 石膏板 +C100mm 轻钢龙骨，50mm 岩棉（80kg/m³）+ 双层 12mm 石膏板 +3mm 腻子找平，2017.5.

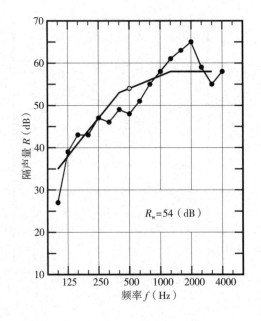

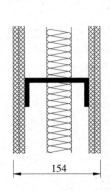

序号 C3-39

频率 f（Hz）	隔声量 R（dB）
100	12
125	22
160	32
200	38
250	43
315	48
400	51
500	54
630	55
800	57
1000	60
1250	61
1600	60
2000	59
2500	49
3150	48
4000	52
R_w	**46**

3mm 腻子找平 +12mm 石膏板 +C50mm 轻钢龙骨，50mm 岩棉（80kg/m³）+12mm 石膏板 +3mm 腻子找平，2017.5.

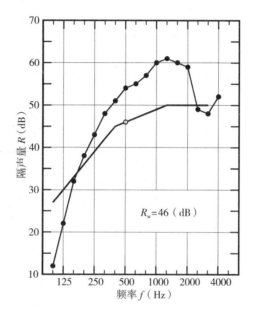

序号 C3-40

频率 f（Hz）	隔声量 R（dB）
100	22
125	37
160	42
200	46
250	48
315	51
400	55
500	56
630	57
800	58
1000	61
1250	62
1600	64
2000	65
2500	57
3150	55
4000	58
R_w	**56**

3mm 腻子找平 + 双层 12mm 石膏板 +C50mm 轻钢龙骨，50mm 岩棉（80kg/m³）+ 双层 12mm 石膏板 +3mm 腻子找平，2017.5.

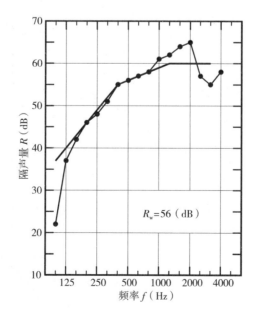

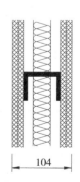

序号 D1-01

频率 f（Hz）	隔声量 R（dB）
100	15
125	15
160	16
200	20
250	20
315	22
400	23
500	24
630	26
800	29
1000	30
1250	32
1600	34
2000	35
2500	36
3150	35
4000	33
R_w	**29**

5mm GRC 平板（8.5kg/m² ）+1mm 厚 C75mm×45mm 轻钢龙骨 @600mm

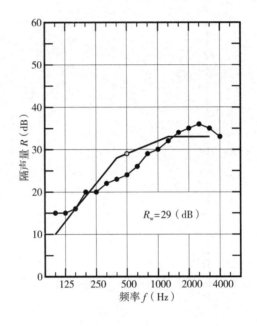

序号 D1-02

频率 f（Hz）	隔声量 R（dB）
100	15
125	16
160	21
200	26
250	30
315	33
400	37
500	38
630	39
800	41
1000	42
1250	40
1600	45
2000	47
2500	44
3150	44
4000	45
R_w	**39**

5mm GRC 平板（8.5kg/m² ）+1mm 厚 C75mm×45mm 轻 钢 龙 骨 @600mm+5mm GRC 平板

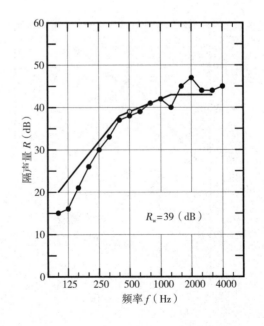

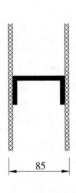

序号 D1-03

频率 f（Hz）	隔声量 R（dB）
100	16
125	20
160	26
200	36
250	41
315	44
400	43
500	43
630	46
800	46
1000	43
1250	46
1600	51
2000	52
2500	45
3150	48
4000	50
R_w	**44**

5mm GRC 平板（8.5kg/m²）+1mm 厚 C75mm×45mm 轻钢龙骨 @600mm，50mm 矿棉（100kg/m³）+5mm GRC 平板

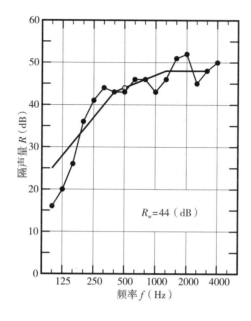

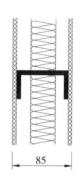

序号 D1-04

频率 f（Hz）	隔声量 R（dB）
100	14
125	26
160	33
200	39
250	42
315	49
400	50
500	52
630	55
800	59
1000	60
1250	62
1600	63
2000	62
2500	63
3150	57
4000	46
R_w	**50**

6mmFC 纤维水泥加压板（16kg/m²）+0.8mm 厚 C70mm×50mm 轻钢龙骨 @600mm，50mm 岩棉（100kg/m³）+6mmFC 纤维水泥加压板，1986.5.

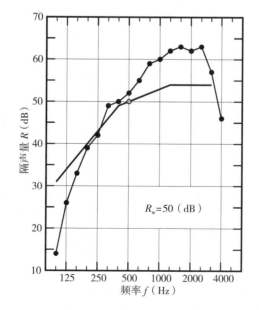

序号 D1-05

频率 f（Hz）	隔声量 R（dB）
100	14
125	26
160	34
200	40
250	44
315	48
400	49
500	52
630	55
800	59
1000	60
1250	62
1600	63
2000	63
2500	65
3150	59
4000	48
R_w	**50**

6mmFC 纤维水泥加压板（16kg/m²）+ 橡胶垫条 +0.8mm 厚 C70mm×50mm 轻钢龙骨 @600mm，50mm 岩棉（100kg/m³）+ 橡胶垫条 +6mmFC 纤维水泥加压板，1986.5.

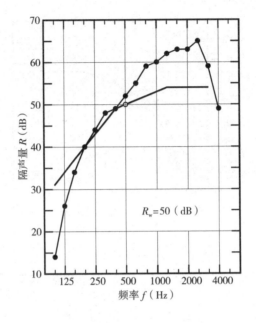

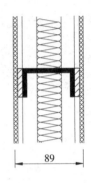

序号 D1-06

频率 f（Hz）	隔声量 R（dB）
100	20
125	33
160	39
200	44
250	46
315	49
400	50
500	52
630	54
800	57
1000	60
1250	62
1600	65
2000	65
2500	68
3150	64
4000	55
R_w	**54**

6mmFC 纤维水泥加压板（16kg/m²）+ 橡胶垫条 +0.8mm 厚 C70mm×50mm 轻钢龙骨 @600mm，50mm 岩棉（100kg/m³）+ 橡胶垫条 + 双层 6mmFC 纤维水泥加压板，1986.5.

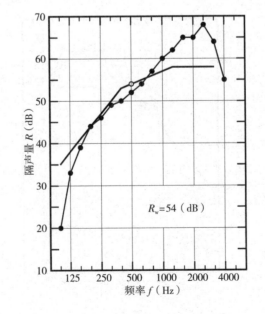

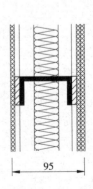

序号 D1-07

频率 f（Hz）	隔声量 R（dB）
100	25
125	38
160	43
200	47
250	48
315	51
400	51
500	53
630	53
800	57
1000	59
1250	62
1600	64
2000	66
2500	69
3150	68
4000	61
R_w	**56**

双层 6mmFC 纤维水泥加压板（16kg/m²）+ 橡胶垫条 +0.8mm 厚 C70mm×50mm 轻钢龙骨 @600mm，50mm 岩棉（100kg/m³）+ 橡胶垫条 + 双层 6mmFC 纤维水泥加压板，1986.5.

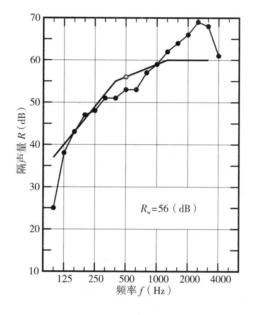

R_w=56（dB）

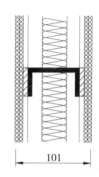

101

序号 D1-08

频率 f（Hz）	隔声量 R（dB）
100	16
125	25
160	22
200	34
250	35
315	33
400	39
500	45
630	46
800	52
1000	55
1250	57
1600	60
2000	60
2500	59
3150	46
4000	43
R_w	**43**

8mm 硅酸钙板（8kg/m²）+C75mm×50mm 轻钢龙骨 @600mm+8mm 硅酸钙板（8kg/m²），1991.4.

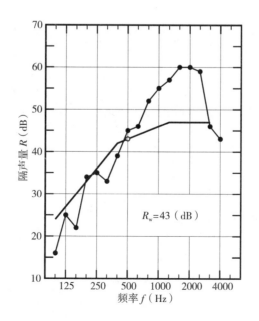

R_w=43（dB）

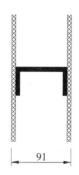

91

序号 D1-09

频率 f（Hz）	隔声量 R（dB）
100	19
125	28
160	25
200	38
250	41
315	39
400	41
500	46
630	48
800	53
1000	57
1250	59
1600	62
2000	63
2500	63
3150	51
4000	50
R_w	**47**

8mm 硅酸钙板（8kg/m²）+C75mm×50mm 轻钢龙骨 @600mm+ 双层 8mm 硅酸钙板（8kg/m²），1991.4.

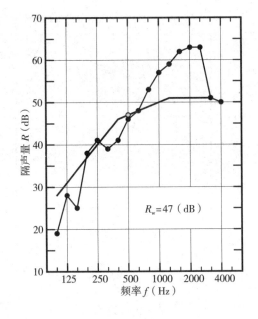

$R_w=47$（dB）

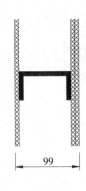

序号 D1-10

频率 f（Hz）	隔声量 R（dB）
100	22
125	34
160	32
200	40
250	43
315	38
400	41
500	42
630	47
800	51
1000	53
1250	59
1600	63
2000	65
2500	65
3150	54
4000	55
R_w	**48**

双层 8mm 硅酸钙板（8kg/m²）+C75mm×50mm 轻钢龙骨 @600mm+ 双层 8mm 硅酸钙板（8kg/m²），1991.4.

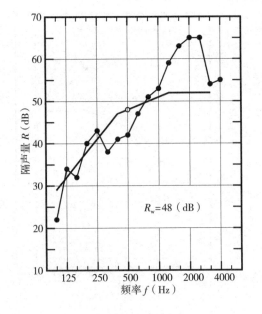

$R_w=48$（dB）

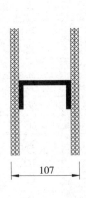

序号 D1-11

频率 f（Hz）	隔声量 R（dB）
100	23
125	26
160	33
200	36
250	42
315	47
400	50
500	53
630	57
800	58
1000	60
1250	62
1600	65
2000	67
2500	68
3150	59
4000	54
R_w	**51**

8mm 硅酸钙板（8kg/m^2）+C75mm×50mm 轻钢龙骨 @600mm，60mm 岩棉（100kg/m^3）+8mm 硅酸钙板（8kg/m^2），1991.4.

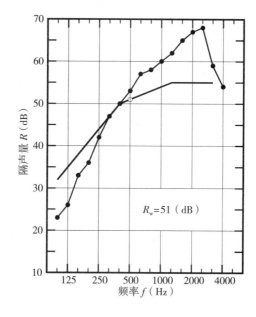

R_w=51（dB）

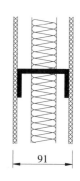

序号 D1-12

频率 f（Hz）	隔声量 R（dB）
100	27
125	32
160	38
200	41
250	45
315	48
400	49
500	51
630	56
800	59
1000	61
1250	63
1600	65
2000	68
2500	69
3150	62
4000	60
R_w	**54**

双层 8mm 硅酸钙板（8kg/m^2）+C75mm×50mm 轻钢龙骨 @600mm，60mm 岩棉（100kg/m^3）+8mm 硅酸钙板（8kg/m^2），1991.4.

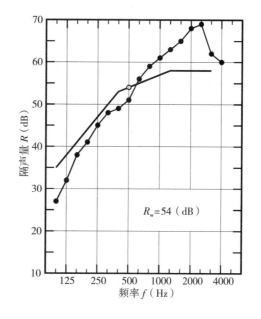

R_w=54（dB）

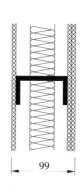

序号 D1–13

频率 f（Hz）	隔声量 R（dB）
100	32
125	38
160	41
200	44
250	49
315	48
400	49
500	48
630	55
800	59
1000	63
1250	65
1600	67
2000	70
2500	69
3150	64
4000	62
R_w	**56**

双层 8mm 硅酸钙板（8kg/m²）+C75mm×50mm 轻钢龙骨 @600mm，60mm 岩棉（100kg/m³）+ 双层 8mm 硅酸钙板（8kg/m²），1991.4.

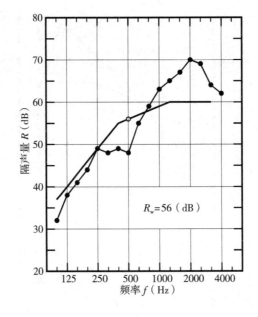

$R_w=56$（dB）

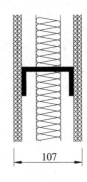

107

序号 D1–14

频率 f（Hz）	隔声量 R（dB）
100	20
125	23
160	23
200	33
250	35
315	35
400	40
500	46
630	49
800	53
1000	57
1250	60
1600	63
2000	64
2500	61
3150	47
4000	45
R_w	**44**

8mm 硅酸钙板（8kg/m²）+15mm 玻璃棉垫条（96kg/m³）+C75mm×50mm 轻钢龙骨 @600mm+8mm 硅酸钙板（8kg/m²），1991.4.

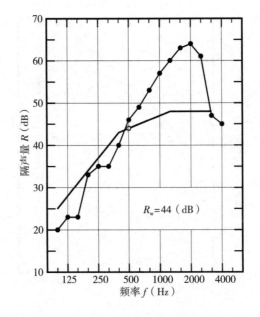

$R_w=44$（dB）

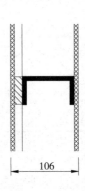

106

序号 D1-15

频率 f（Hz）	隔声量 R（dB）
100	17
125	24
160	26
200	35
250	37
315	38
400	42
500	48
630	51
800	56
1000	60
1250	62
1600	65
2000	67
2500	66
3150	50
4000	47
R_w	**45**

8mm 硅酸钙板（8kg/m²）+15mm 玻璃棉垫条（96kg/m³）+C75mm×50mm 轻钢龙骨 @600mm+15mm 玻璃棉垫条 +8mm 硅酸钙板（8kg/m²），1991.4.

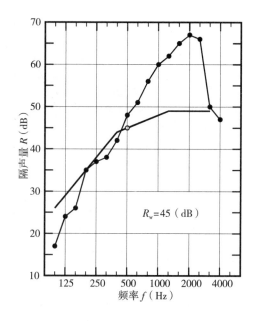

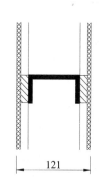

序号 D1-16

频率 f（Hz）	隔声量 R（dB）
100	23
125	31
160	31
200	37
250	37
315	42
400	45
500	51
630	53
800	56
1000	60
1250	61
1600	62
2000	56
2500	46
3150	50
4000	53
R_w	**48**

12mm 邦达不燃轻质板（13.8kg/m²）+C75mm×50mm 轻钢龙骨 @600mm+12mm 邦达不燃轻质板（13.8kg/m²），1999.7.

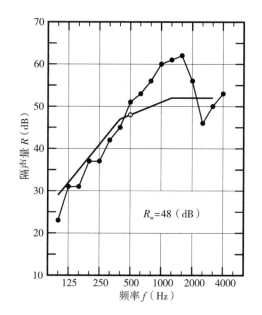

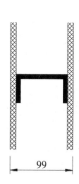

序号 D1–17

频率 f（Hz）	隔声量 R（dB）
100	25
125	36
160	35
200	41
250	41
315	44
400	47
500	51
630	54
800	59
1000	61
1250	64
1600	66
2000	61
2500	51
3150	56
4000	60
R_w	**52**

12mm 邦达不燃轻质板（13.8kg/m²）+C75mm×50mm 轻钢龙骨 @600mm+ 双层 12mm 邦达不燃轻质板（13.8kg/m²），1999.7.

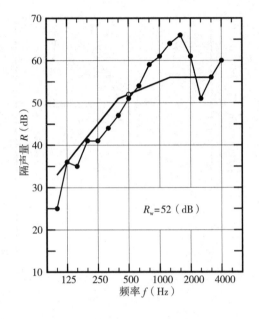

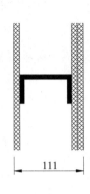

序号 D1–18

频率 f（Hz）	隔声量 R（dB）
100	28
125	39
160	37
200	44
250	46
315	47
400	50
500	51
630	55
800	59
1000	63
1250	67
1600	68
2000	65
2500	56
3150	59
4000	63
R_w	**55**

双层 12mm 邦达不燃轻质板（13.8kg/m²）+C75mm×50mm 轻钢龙骨 @600mm+ 双层 12mm 邦达不燃轻质板（13.8kg/m²），1999.7.

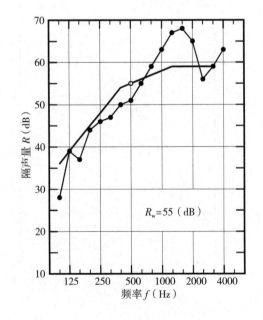

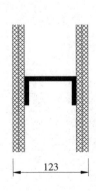

序号 D1-19

频率 f（Hz）	隔声量 R（dB）
100	27
125	36
160	38
200	46
250	50
315	54
400	55
500	58
630	61
800	66
1000	67
1250	70
1600	69
2000	68
2500	59
3150	58
4000	60
R_w	**57**

12mm 邦达不燃轻质板（13.8kg/m²）+C75mm×50mm 轻钢龙骨 @600mm，75mm 玻璃棉（32kg/m³）+12mm 邦达不燃轻质板（13.8kg/m²），1999.7.

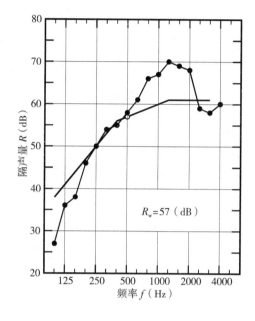

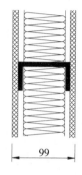

序号 D1-20

频率 f（Hz）	隔声量 R（dB）
100	31
125	38
160	43
200	47
250	46
315	51
400	52
500	55
630	58
800	61
1000	65
1250	67
1600	67
2000	64
2500	58
3150	61
4000	64
R_w	**57**

12mm 邦达不燃轻质板（13.8kg/m²）+C75mm×50mm 轻钢龙骨 @600mm，75mm 玻璃棉（32kg/m³）+ 双层 12mm 邦达不燃轻质板（13.8kg/m²），1999.7.

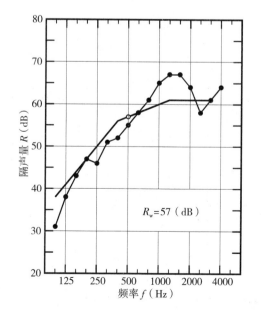

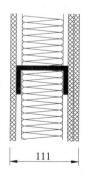

序号 D1-21

频率 f（Hz）	隔声量 R（dB）
100	36
125	43
160	47
200	50
250	49
315	52
400	51
500	57
630	61
800	62
1000	66
1250	69
1600	70
2000	67
2500	59
3150	59
4000	62
R_w	**59**

双层 12mm 邦达不燃轻质板（13.8kg/m²）+C75mm×50mm 轻钢龙骨 @600mm，75mm 玻璃棉（32kg/m³）+ 双层 12mm 邦达不燃轻质板（13.8kg/m²），1999.7.

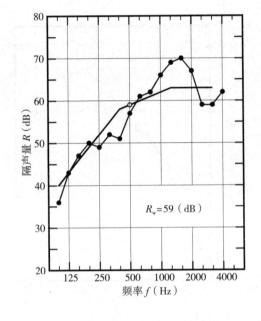

R_w=59（dB）

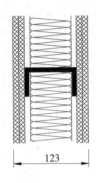

序号 D1-22

频率 f（Hz）	隔声量 R（dB）
100	29
125	33
160	39
200	45
250	50
315	54
400	55
500	59
630	62
800	64
1000	65
1250	69
1600	70
2000	68
2500	64
3150	62
4000	62
R_w	**58**

12mm 邦达不燃轻质板（13.8kg/m²）+12mm 纸面石膏板（9kg/m²）+C75mm×50mm 轻钢龙骨 @600mm，75mm 玻璃棉（32kg/m³），+12mm 邦达不燃轻质板（13.8kg/m²），2005.1.

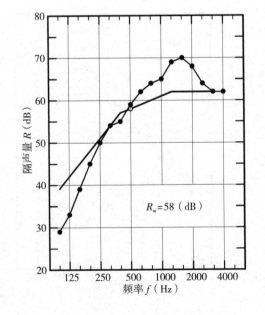

R_w=58（dB）

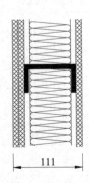

序号 D1-23

频率 f (Hz)	隔声量 R (dB)
100	24
125	30
160	36
200	43
250	47
315	54
400	55
500	57
630	61
800	63
1000	64
1250	66
1600	68
2000	67
2500	68
3150	65
4000	61
R_w	**55**

12mm 纸面石膏板（9kg/m²）+C75mm×50mm 轻钢龙骨 @600mm，75mm 玻璃棉（32kg/m³），+12mm 纸面石膏板（9kg/m²）+12mm 邦达不燃轻质板（13.8kg/m²），2005.1.

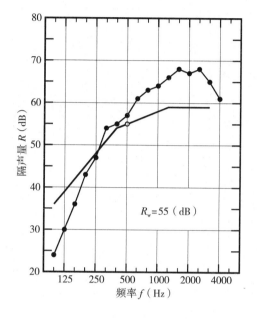

R_w=55（dB）

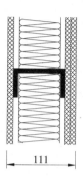

111

序号 D1-24

频率 f (Hz)	隔声量 R (dB)
100	33
125	37
160	43
200	47
250	50
315	52
400	54
500	57
630	60
800	61
1000	63
1250	66
1600	66
2000	64
2500	62
3150	61
4000	62
R_w	**59**

12mm 邦达不燃轻质板（13.8kg/m²）+12mm 纸面石膏板（9kg/m²）+C75mm×50mm 轻钢龙骨 @600mm，75mm 玻璃棉（32kg/m³）+12mm 纸面石膏板（9kg/m²）+12mm 邦达不燃轻质板（13.8kg/m²），2005.1.

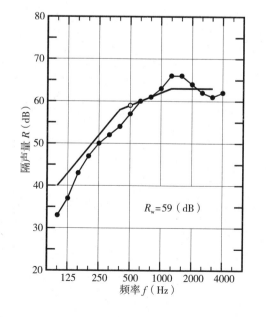

R_w=59（dB）

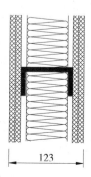

123

序号 D1-25

频率 f（Hz）	隔声量 R（dB）
100	19
125	24
160	27
200	32
250	38
315	39
400	44
500	50
630	55
800	57
1000	60
1250	61
1600	61
2000	53
2500	42
3150	47
4000	49
R_w	**45**

10mm NALC 水泥加压板（13kg/m²）+C75mm×45mm 轻钢龙骨 @600mm+10mm NALC 水泥加压板（13kg/m²），2005.1.

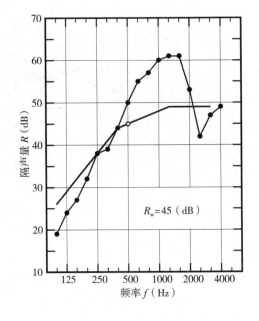

$R_w=45$（dB）

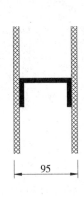

序号 D1-26

频率 f（Hz）	隔声量 R（dB）
100	22
125	29
160	30
200	30
250	38
315	39
400	43
500	46
630	50
800	53
1000	58
1250	62
1600	66
2000	63
2500	48
3150	48
4000	58
R_w	**46**

10mm NALC 水泥加压板（13kg/m²）+13mm 玻璃棉垫条（40kg/m³）+C75mm×45mm 轻钢龙骨 @600mm+13mm 玻璃棉垫条（40kg/m³）+10mm NALC 水泥加压板（13kg/m²），2005.1.

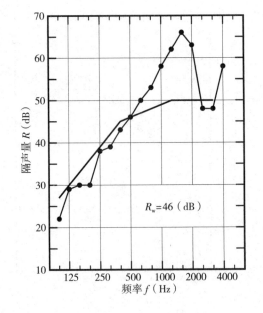

$R_w=46$（dB）

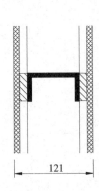

序号 D1–27

频率 f（Hz）	隔声量 R（dB）
100	23
125	28
160	35
200	39
250	46
315	48
400	48
500	53
630	58
800	60
1000	63
1250	65
1600	67
2000	63
2500	48
3150	52
4000	56
R_w	**50**

10mm NALC 水泥加压板（13kg/m²）+C75mm×45mm 轻钢龙骨 @600mm，75 厚玻璃棉（32kg/m³）+10mm NALC 水泥加压板（13kg/m²），2005.1.

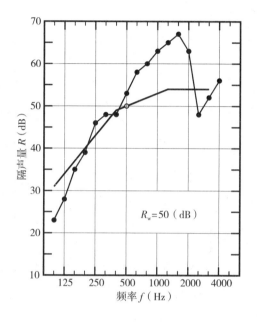

$R_w = 50$（dB）

95

序号 D1–28

频率 f（Hz）	隔声量 R（dB）
100	23
125	32
160	36
200	42
250	46
315	48
400	51
500	55
630	60
800	64
1000	68
1250	71
1600	73
2000	73
2500	63
3150	63
4000	68
R_w	**54**

10mm NALC 水泥加压板（13kg/m²）+13mm 玻璃棉垫条（40kg/m³）+C75mm×45mm 轻钢龙骨 @600mm，75 厚玻璃棉（32kg/m³）+13mm 玻璃棉垫条（40kg/m³）+10mm NALC 水泥加压板（13kg/m²），2005.1.

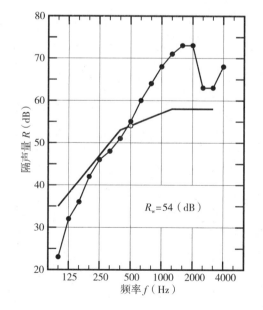

$R_w = 54$（dB）

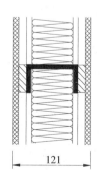

121

序号 D1-29

频率 f（Hz）	隔声量 R（dB）
100	31
125	35
160	41
200	45
250	47
315	49
400	49
500	52
630	55
800	61
1000	65
1250	68
1600	71
2000	73
2500	66
3150	69
4000	70
R_w	**56**

10mm NALC 水泥加压板（13kg/m²）+13mm 玻璃棉垫条（40kg/m³）+C75mm×45mm 轻钢龙骨 @600mm，75 厚玻璃棉（32kg/m³）+13mm 玻璃棉垫条（40kg/m³）+ 双层 10mm NALC 水泥加压板（13kg/m²），2005.1.

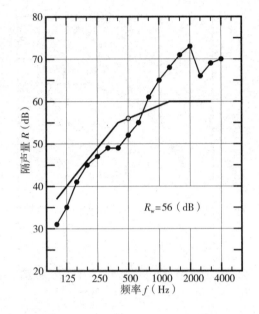

$R_w=56$（dB）

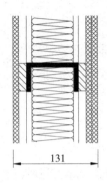

序号 D1-30

频率 f（Hz）	隔声量 R（dB）
100	17
125	17
160	22
200	28
250	31
315	32
400	38
500	42
630	45
800	50
1000	54
1250	55
1600	55
2000	53
2500	42
3150	41
4000	45
R_w	**40**

10mm 倍得防火板（10kg/m²）+C75mm×50mm 轻钢龙骨 @600mm+10mm 倍得防火板（10kg/m²），2005.1

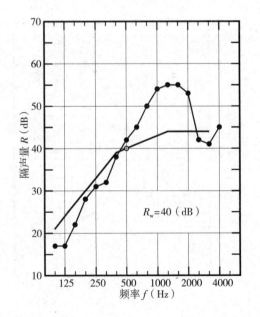

$R_w=40$（dB）

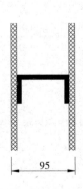

194

序号 D1-31

频率 f（Hz）	隔声量 R（dB）
100	19
125	25
160	28
200	32
250	40
315	45
400	49
500	52
630	53
800	58
1000	61
1250	63
1600	63
2000	64
2500	54
3150	49
4000	55
R_w	**47**

10mm 倍得防火板（10kg/m²）+C75mm×50mm 轻钢龙骨 @600mm，75mm 玻璃棉（16kg/m³）+10mm 倍得防火板（10kg/m²），2005.1.

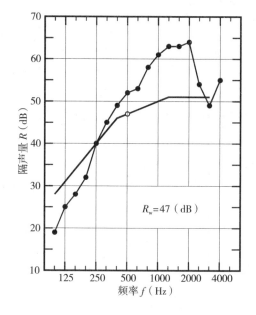

序号 D1-32

频率 f（Hz）	隔声量 R（dB）
100	29
125	30
160	35
200	38
250	42
315	43
400	41
500	47
630	52
800	58
1000	61
1250	61
1600	65
2000	67
2500	57
3150	54
4000	61
R_w	**50**

10mm 倍得防火板（10kg/m²）+C75mm×50mm 轻钢龙骨 @600mm，75mm 玻璃棉（16kg/m³）+ 双层 10mm 倍得防火板（10kg/m²），2005.1.

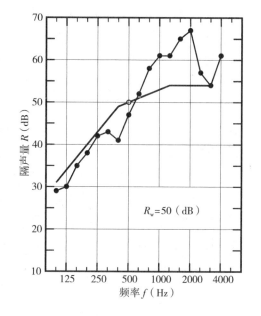

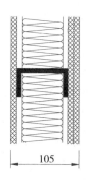

序号 D1-33

频率 f（Hz）	隔声量 R（dB）
100	34
125	32
160	38
200	38
250	44
315	43
400	38
500	48
630	53
800	62
1000	67
1250	70
1600	71
2000	71
2500	65
3150	64
4000	68
R_w	**52**

双层 10mm 倍得防火板（10kg/m²）+C75mm×50mm 轻钢龙骨 @600mm，75mm 玻璃棉（16kg/m³）+ 双层 10mm 倍得防火板（10kg/m²），2005.1.

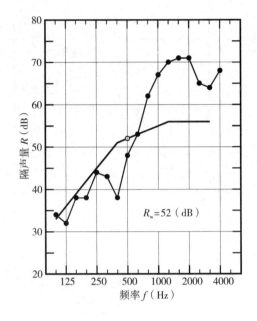

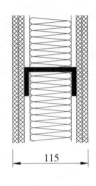

序号 D1-34

频率 f（Hz）	隔声量 R（dB）
100	27
125	32
160	32
200	33
250	40
315	49
400	51
500	55
630	59
800	62
1000	65
1250	65
1600	63
2000	66
2500	64
3150	60
4000	62
R_w	**52**

18mm 倍得防火板（14.4kg/m²）+C75mm×50mm 轻钢龙骨 @600mm，75mm 玻璃棉（16kg/m³）+10mm 倍得防火板（10kg/m²），2005.1.

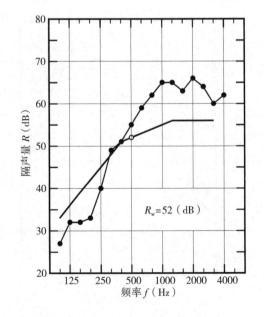

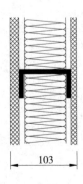

196

序号 D1-35

频率 f（Hz）	隔声量 R（dB）
100	38
125	38
160	41
200	43
250	48
315	51
400	49
500	50
630	57
800	61
1000	67
1250	68
1600	69
2000	71
2500	73
3150	72
4000	69
R_w	**57**

双层 18mm 倍得防火板（14.4kg/m²）+C75mm×50mm 轻钢龙骨 @600mm，75mm 玻璃棉（16kg/m³）+ 双层 10mm 倍得防火板（10kg/m²），2005.1.

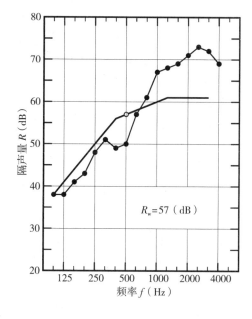

R_w=57（dB）

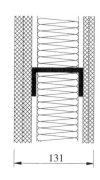

序号 D1-36

频率 f（Hz）	隔声量 R（dB）
100	20
125	26
160	28
200	34
250	37
315	39
400	44
500	50
630	49
800	54
1000	55
1250	49
1600	42
2000	47
2500	53
3150	53
4000	61
R_w	**45**

18mm 倍得防火板（14.4kg/m²）+C75mm×50mm 轻钢龙骨 @600mm+18mm 倍得防火板（14.4kg/m²），2005.1.

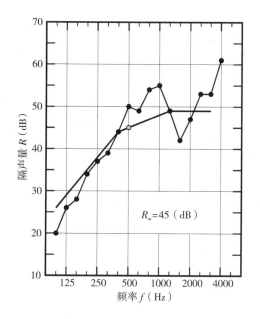

R_w=45（dB）

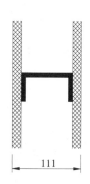

序号 D1-37

频率 f（Hz）	隔声量 R（dB）
100	27
125	31
160	37
200	36
250	48
315	50
400	56
500	59
630	62
800	64
1000	65
1250	59
1600	53
2000	58
2500	66
3150	66
4000	63
R_{w}	**54**

18mm 倍得防火板（14.4kg/m²）+C75mm×50mm 轻钢龙骨 @600mm，75mm 玻璃棉（16kg/m³）+18mm 倍得防火板（14.4kg/m²），2005.1.

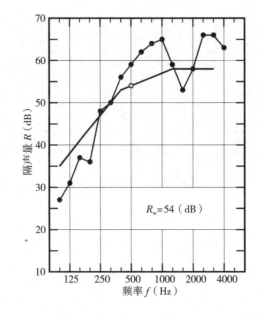

$R_{\mathrm{w}}=54$（dB）

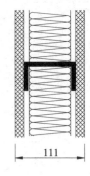

序号 D1-38

频率 f（Hz）	隔声量 R（dB）
100	16
125	20
160	23
200	31
250	29
315	33
400	36
500	42
630	45
800	50
1000	53
1250	56
1600	57
2000	54
2500	43
3150	42
4000	47
R_{w}	**41**

10mm 倍得防火板（10kg/m²）+C100mm×50mm 轻钢龙骨 @600mm+10mm 倍得防火板（10kg/m²），2005.1.

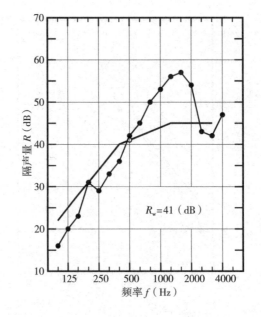

$R_{\mathrm{w}}=41$（dB）

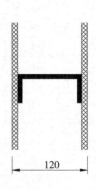

序号 D1-39

频率 f (Hz)	隔声量 R (dB)
100	23
125	28
160	28
200	34
250	34
315	36
400	42
500	48
630	48
800	53
1000	53
1250	48
1600	42
2000	45
2500	49
3150	54
4000	57
R_w	**45**

18mm 倍得防火板（14.4kg/m²）+C100mm×50mm 轻钢龙骨 @600mm+18mm 倍得防火板（14.4kg/m²），2005.1.

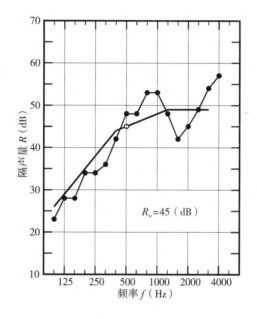

$R_w=45$（dB）

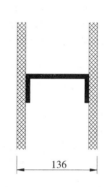

136

序号 D1-40

频率 f (Hz)	隔声量 R (dB)
100	23
125	27
160	26
200	31
250	39
315	43
400	46
500	50
630	55
800	56
1000	59
1250	60
1600	63
2000	61
2500	53
3150	48
4000	53
R_w	**47**

10mm 倍得防火板（10kg/m²）+C100mm×50mm 轻钢龙骨 @600mm，100mm 玻璃棉（16kg/m³）+10mm 倍得防火板（10kg/m²），2005.1.

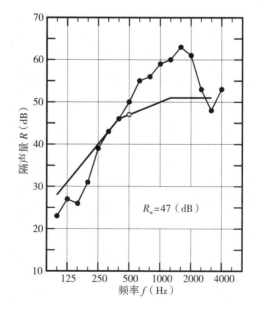

$R_w=47$（dB）

120

序号 D1-41

频率 f（Hz）	隔声量 R（dB）
100	32
125	33
160	32
200	36
250	44
315	47
400	50
500	49
630	52
800	55
1000	60
1250	61
1600	65
2000	64
2500	56
3150	52
4000	57
R_w	**52**

10mm 倍得防火板（10kg/m²）+C100mm×50mm 轻钢龙骨 @600mm，100mm 玻璃棉（16kg/m³）+ 双层 10mm 倍得防火板（10kg/m²），2005.1.

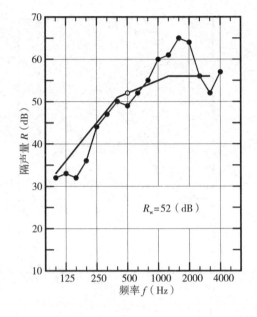

R_w=52（dB）

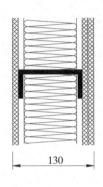

130

序号 D1-42

频率 f（Hz）	隔声量 R（dB）
100	36
125	35
160	36
200	41
250	46
315	48
400	46
500	45
630	52
800	57
1000	60
1250	63
1600	66
2000	66
2500	61
3150	60
4000	61
R_w	**53**

双层 10mm 倍得防火板（10kg/m²）+C100mm×50mm 轻钢龙骨 @600mm，100mm 玻璃棉（16kg/m³）+ 双层 10mm 倍得防火板（10kg/m²），2005.1.

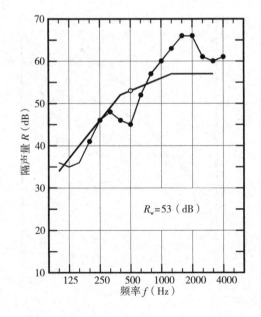

R_w=53（dB）

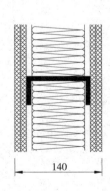

140

序号 D1-43

频率 f（Hz）	隔声量 R（dB）
100	27
125	33
160	27
200	34
250	39
315	44
400	49
500	51
630	55
800	57
1000	60
1250	58
1600	56
2000	55
2500	52
3150	51
4000	55
R_w	**50**

10mm 倍得防火板（10kg/m²）+C100mm×50mm 轻钢龙骨 @600mm，100mm 玻璃棉（16kg/m³）+18mm 倍得防火板（14.4kg/m²），2005.1.

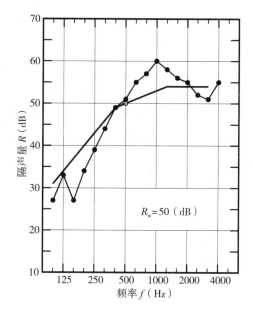

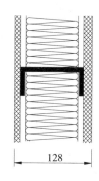

序号 D1-44

频率 f（Hz）	隔声量 R（dB）
100	29
125	32
160	36
200	34
250	37
315	45
400	51
500	52
630	55
800	58
1000	57
1250	52
1600	47
2000	49
2500	53
3150	56
4000	58
R_w	**49**

18mm 倍得防火板（14.4kg/m²）+C100mm×50mm 轻钢龙骨 @600mm，100mm 玻璃棉（16kg/m³）+18mm 倍得防火板（14.4kg/m²），2005.1.

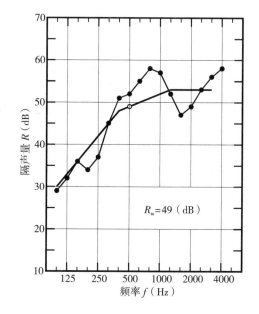

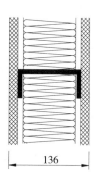

序号 D1-45

频率 f（Hz）	隔声量 R（dB）
100	39
125	44
160	43
200	46
250	48
315	51
400	52
500	50
630	56
800	61
1000	63
1250	65
1600	65
2000	67
2500	69
3150	64
4000	60
R_w	**58**

双层 18mm 倍得防火板（14.4kg/m²）+C100mm×50mm 轻钢龙骨 @600mm，100mm 玻璃棉（16kg/m³）+ 双层 10mm 倍得防火板（10kg/m²），2005.1.

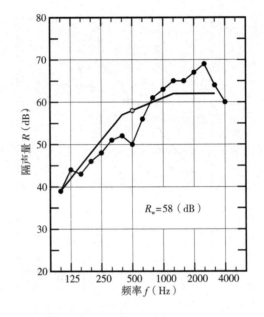

$R_w = 58$（dB）

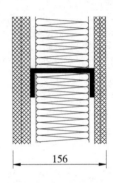

156

序号 D1-46

频率 f（Hz）	隔声量 R（dB）
100	14
125	24
160	23
200	29
250	38
315	35
400	41
500	50
630	54
800	55
1000	57
1250	59
1600	61
2000	60
2500	58
3150	48
4000	47
R_w	**43**

6mm 纤维增强水泥板（TK 板，10.5kg/m²）+C75mm×50mm 轻钢龙骨 @600mm+ 6mm 纤维增强水泥板（10.5kg/m²），1988.5.

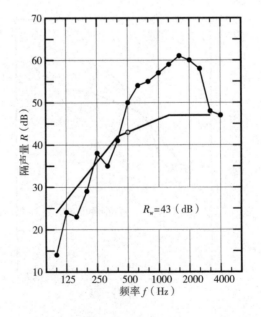

$R_w = 43$（dB）

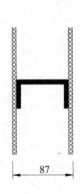

87

序号 D1-47

频率 f（Hz）	隔声量 R（dB）
100	11
125	12
160	19
200	27
250	30
315	29
400	37
500	44
630	44
800	50
1000	54
1250	54
1600	57
2000	58
2500	58
3150	59
4000	59
R_{w}	**38**

4mm 纤维增强水泥板（TK板，7.2kg/m²）+C75mm×50mm 轻钢龙骨 @600mm+4mm 纤维增强水泥板（7.2kg/m²），2005.1.

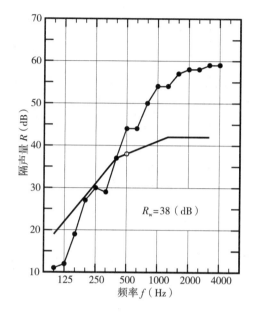 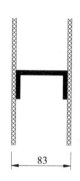

序号 D1-48

频率 f（Hz）	隔声量 R（dB）
100	12
125	16
160	25
200	28
250	35
315	41
400	47
500	50
630	54
800	56
1000	58
1250	58
1600	60
2000	60
2500	62
3150	63
4000	63
R_{w}	**42**

4mm 纤维增强水泥板（TK板，7.2kg/m²）+C75mm×50mm 轻钢龙骨 @600mm，50mm 玻璃棉 +4mm 纤维增强水泥板（7.2kg/m²），2005.1.

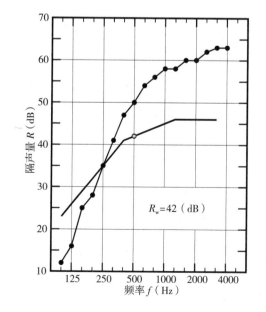 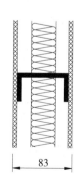

序号 D1-49

频率 f（Hz）	隔声量 R（dB）
100	14
125	22
160	23
200	27
250	32
315	34
400	44
500	45
630	46
800	48
1000	52
1250	53
1600	57
2000	57
2500	58
3150	53
4000	49
R_w	**41**

5mm 不燃无机玻璃钢板 +C50mm×50mm 轻钢龙骨 @600mm+8mm 不燃无机玻璃钢板，2005.1.

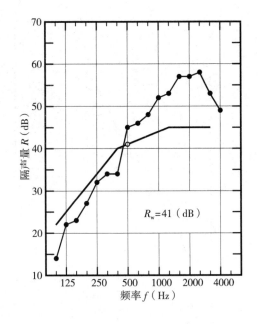

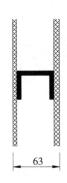

序号 D1-50

频率 f（Hz）	隔声量 R（dB）
100	19
125	26
160	29
200	35
250	44
315	47
400	51
500	52
630	54
800	56
1000	62
1250	64
1600	67
2000	67
2500	68
3150	64
4000	59
R_w	**49**

5mm 不燃无机玻璃钢板 +C50mm×50mm 轻钢龙骨 @600mm，50mm 岩棉（100kg/m³）+8mm 不燃无机玻璃钢板，2005.1

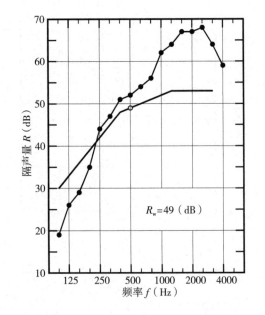

序号 D1–51

频率 f（Hz）	隔声量 R（dB）
100	17
125	20
160	26
200	37
250	40
315	45
400	48
500	53
630	55
800	59
1000	62
1250	64
1600	66
2000	68
2500	66
3150	54
4000	49
R_w	**47**

8mm 纤维增强硅酸钙板（1250kg/m³）+C50mm 轻钢龙骨，50mm 玻璃棉 +8mm 纤维增强硅酸钙板（1250kg/m³），2014.4.

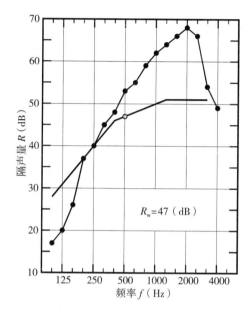

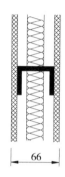

序号 D1–52

频率 f（Hz）	隔声量 R（dB）
100	29
125	36
160	43
200	46
250	49
315	53
400	55
500	58
630	58
800	61
1000	63
1250	67
1600	69
2000	69
2500	67
3150	64
4000	65
R_w	**58**

12mm 纸面石膏板 +18mm 静雅超级隔音板（24kg/m²）+0.6mm 厚 C75mm 轻钢龙骨，400mm 玻璃棉（32kg/m³）+ 双层 12mm 纸面石膏板，2014.6.

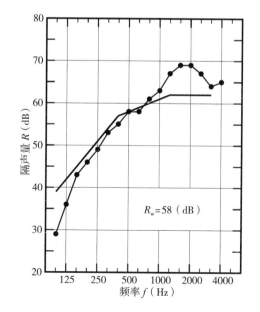

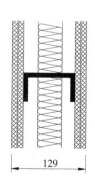

序号 D1-53

频率 f（Hz）	隔声量 R（dB）
100	15
125	28
160	32
200	40
250	46
315	50
400	52
500	54
630	57
800	57
1000	58
1250	59
1600	58
2000	46
2500	43
3150	47
4000	50
R_w	**46**

12mmGFG 板 +C75mm 轻钢龙骨，50mm 岩棉（60kg/m³）+12mmGFG 板，2017.5.

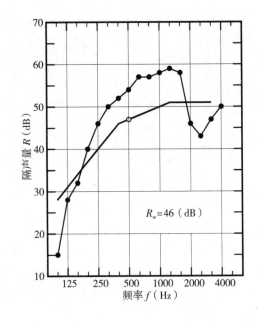

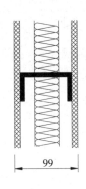

序号 D1-54

频率 f（Hz）	隔声量 R（dB）
100	30
125	37
160	43
200	46
250	50
315	51
400	52
500	54
630	57
800	60
1000	61
1250	63
1600	64
2000	58
2500	56
3150	58
4000	60
R_w	**56**

双层 12mmGFG 板 +C75mm 轻钢龙骨，50mm 岩棉（60kg/m³）+ 双层 12mmGFG 板，2017.5.

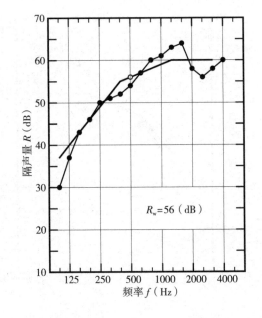

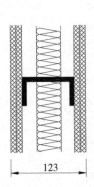

序号 D2-01

频率 f（Hz）	隔声量 R（dB）
100	16
125	25
160	31
200	37
250	37
315	32
400	40
500	44
630	48
800	50
1000	52
1250	53
1600	54
2000	49
2500	43
3150	45
4000	48
R_w	**43**

10mm 水泥刨花板（12kg/m²）+1mm 厚 C70mm×50mm 轻钢龙骨 @600mm+10mm 水泥刨花板（12kg/m²），1981.2.

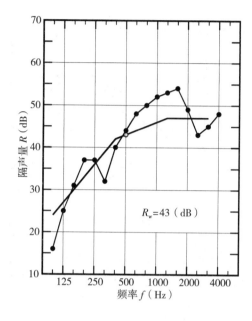

$R_w=43$（dB）

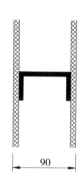

序号 D2-02

频率 f（Hz）	隔声量 R（dB）
100	27
125	33
160	37
200	39
250	42
315	40
400	45
500	48
630	52
800	55
1000	57
1250	57
1600	58
2000	55
2500	51
3150	52
4000	55
R_w	**50**

10mm 水泥刨花板（12kg/m²）+1mm 厚 C70mm×50mm 轻钢龙骨 @600mm+ 双层 10mm 水泥刨花板（12kg/m²），1981.2.

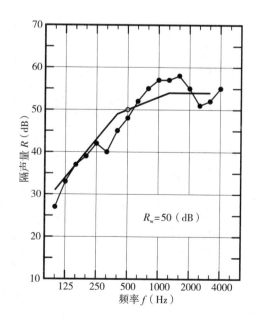

$R_w=50$（dB）

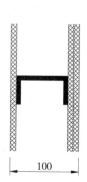

序号 D2-03

频率 f（Hz）	隔声量 R（dB）
100	30
125	36
160	41
200	42
250	43
315	46
400	47
500	48
630	52
800	55
1000	57
1250	60
1600	61
2000	59
2500	54
3150	57
4000	61
R_w	**53**

双层 10mm 水泥刨花板（12kg/m²）+1mm 厚 C70mm×50mm 轻钢龙骨 @600mm+双层 10mm 水泥刨花板（12kg/m²），1981.2.

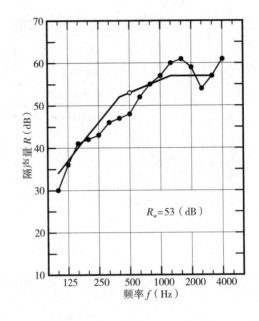

$R_w=53$（dB）

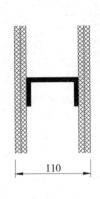

110

序号 D2-04

频率 f（Hz）	隔声量 R（dB）
100	21
125	28
160	34
200	36
250	36
315	37
400	41
500	45
630	50
800	53
1000	53
1250	58
1600	58
2000	55
2500	50
3150	50
4000	54
R_w	**47**

10mm 水泥刨花板（12kg/m²）+1mm 厚 C70mm×50mm 轻钢龙骨 @600mm+13mm 软质纤维条 +10mm 水泥刨花板（12kg/m²），1981.2.

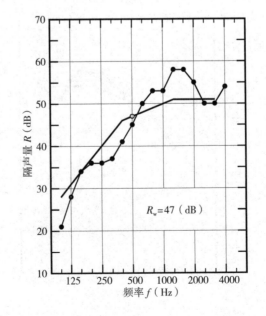

$R_w=47$（dB）

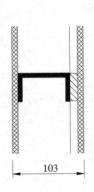

103

序号 D2–05

频率 f（Hz）	隔声量 R（dB）
100	25
125	30
160	36
200	38
250	40
315	40
400	45
500	48
630	53
800	54
1000	57
1250	61
1600	62
2000	58
2500	53
3150	54
4000	59
R_w	**50**

10mm 水泥刨花板（12kg/m²）+13mm 软质纤维条 +1mm 厚 C70mm×50mm 轻钢龙骨 @600mm+13mm 软质纤维条 +10mm 水泥刨花板（12kg/m²），1981.2.

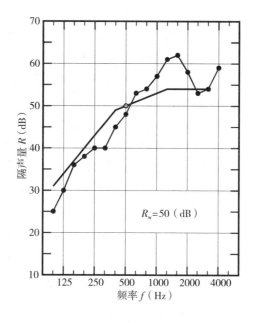

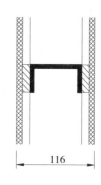

序号 D2–06

频率 f（Hz）	隔声量 R（dB）
100	23
125	30
160	33
200	34
250	38
315	40
400	45
500	49
630	53
800	56
1000	58
1250	61
1600	61
2000	58
2500	51
3150	52
4000	57
R_w	**48**

11mm 水泥刨花板 +13mm 软质纤维条 +1mm 厚 C70mm×50mm 轻钢龙骨 @600mm，+13mm 软质纤维条 +11mm 水泥刨花板，1981.10.

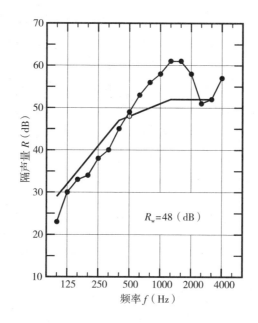

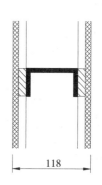

序号 D2–07

频率 f（Hz）	隔声量 R（dB）
100	22
125	29
160	34
200	35
250	38
315	41
400	46
500	51
630	54
800	56
1000	59
1250	62
1600	61
2000	59
2500	54
3150	55
4000	60
R_{w}	**49**

11mm 水泥刨花板 +13mm 软质纤维板 +1mm 厚 C70mm×50mm 轻钢龙骨 @600mm，+13mm 软质纤维条 +11mm 水泥刨花板，1981.10.

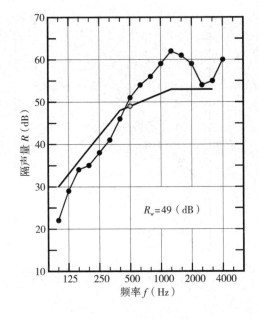

$R_{\mathrm{w}}=49$（dB）

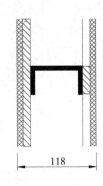

118

序号 D2–08

频率 f（Hz）	隔声量 R（dB）
100	32
125	35
160	35
200	42
250	43
315	43
400	45
500	48
630	54
800	55
1000	58
1250	62
1600	63
2000	61
2500	57
3150	57
4000	61
R_{w}	**52**

10mm 水泥刨花板（12kg/m²）+13mm 软质纤维条 +1mm 厚 C70mm×50mm 轻钢龙骨 @600mm+13mm 软质纤维条 + 双层 10mm 水泥刨花板（12kg/m²），1981.2. 发布

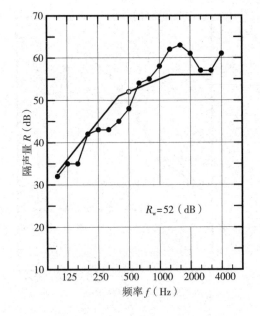

$R_{\mathrm{w}}=52$（dB）

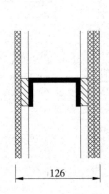

126

序号 D2-09

频率 f（Hz）	隔声量 R（dB）
100	31
125	34
160	35
200	42
250	47
315	47
400	47
500	48
630	54
800	56
1000	59
1250	62
1600	63
2000	62
2500	60
3150	60
4000	63
R_w	**53**

双层 10mm 水泥刨花板（12kg/m²）+13mm 软质纤维条 +1mm 厚 C70mm×50mm 轻钢龙骨 @600mm+13mm 软质纤维条 + 双层 10mm 水泥刨花板（12kg/m²），1981.2.

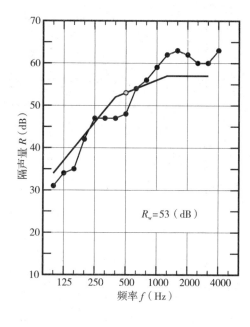

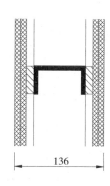

序号 D2-10

频率 f（Hz）	隔声量 R（dB）
100	23
125	30
160	35
200	41
250	41
315	42
400	45
500	48
630	52
800	57
1000	58
1250	61
1600	60
2000	60
2500	51
3150	52
4000	57
R_w	**50**

10mm 水泥刨花板（12kg/m²）+1mm 厚 C70mm×50mm 轻钢龙骨 @600mm+13mm 软质纤维板（3kg/m²）+10mm 水泥刨花板（12kg/m²），1981.2.

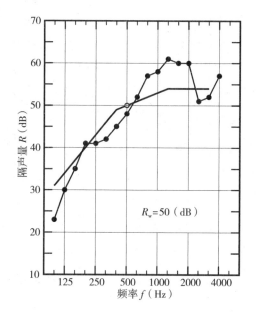

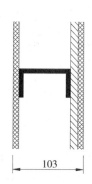

序号 D2-11

频率 f（Hz）	隔声量 R（dB）
100	27
125	34
160	38
200	41
250	42
315	42
400	49
500	50
630	55
800	59
1000	61
1250	63
1600	64
2000	60
2500	55
3150	56
4000	62
R_w	**52**

10mm 水泥刨花板（12kg/m²）+13mm 软质纤维板（3kg/m²）+1mm 厚 C70mm×50mm 轻钢龙骨 @600mm+13mm 软质纤维板（3kg/m²）+10mm 水泥刨花板（12kg/m²），1981.2.

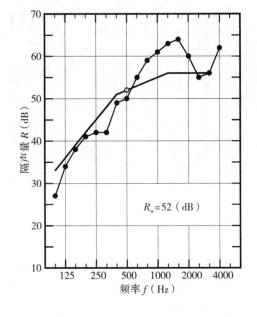

R_w=52（dB）

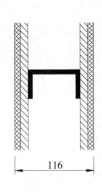

序号 D2-12

频率 f（Hz）	隔声量 R（dB）
100	32
125	35
160	40
200	45
250	45
315	45
400	48
500	50
630	56
800	60
1000	60
1250	65
1600	63
2000	63
2500	63
3150	63
4000	64
R_w	**55**

双层 10mm 水泥刨花板（12kg/m²）+13mm 软质纤维板（3kg/m²）+1mm 厚 C70mm×50mm 轻钢龙骨 @600mm+13mm 软质纤维板（3kg/m²）+ 双层 10mm 水泥刨花板（12kg/m²），1981.2.

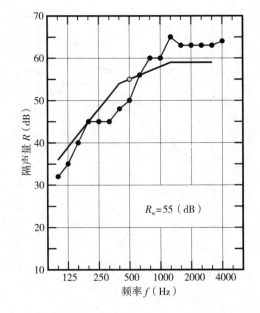

R_w=55（dB）

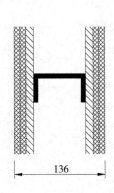

序号 D2–13

频率 f（Hz）	隔声量 R（dB）
100	19
125	29
160	34
200	40
250	41
315	44
400	47
500	50
630	53
800	56
1000	58
1250	59
1600	59
2000	56
2500	51
3150	51
4000	53
R_w	**50**

10mm 水泥刨花板（12kg/m²）+1mm 厚 C70mm×50mm 轻钢龙骨 @600mm，50mm 沥青玻璃棉（100kg/m³）+10mm 水泥刨花板（12kg/m²），1981.2.

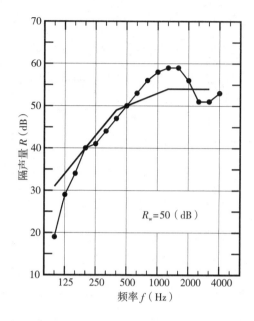

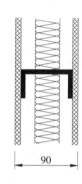

序号 D2–14

频率 f（Hz）	隔声量 R（dB）
100	20
125	25
160	24
200	36
250	38
315	44
400	47
500	50
630	55
800	57
1000	59
1250	61
1600	60
2000	58
2500	51
3150	49
4000	53
R_w	**48**

11mm 水泥刨花板 +1mm 厚 C70mm×50mm 轻钢龙骨 @600mm，50mm 矿棉 +11mm 水泥刨花板，1981.10.

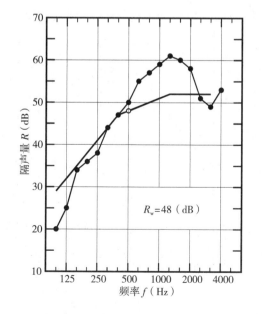

序号 D2-15

频率 f（Hz）	隔声量 R（dB）
100	26
125	33
160	40
200	42
250	45
315	46
400	47
500	48
630	51
800	52
1000	53
1250	54
1600	56
2000	57
2500	55
3150	55
4000	61
R_w	**52**

10mm 水泥刨花板（12kg/m²）+1mm 厚 C70mm×50mm 轻钢龙骨 @600mm，50mm 沥青玻璃棉（100kg/m³）+ 双层 10mm 水泥刨花板（12kg/m²），1981.2.

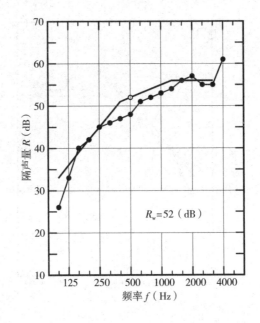

$R_w=52$（dB）

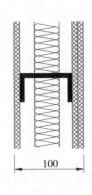

序号 D2-16

频率 f（Hz）	隔声量 R（dB）
100	33
125	36
160	40
200	43
250	47
315	48
400	48
500	51
630	54
800	54
1000	55
1250	58
1600	60
2000	60
2500	60
3150	60
4000	62
R_w	**55**

双层 10mm 水泥刨花板（12kg/m²）+1mm 厚 C70mm×50mm 轻钢龙骨 @600mm，50mm 沥青玻璃棉（100kg/m³）+ 双层 10mm 水泥刨花板（12kg/m²），1981.2.

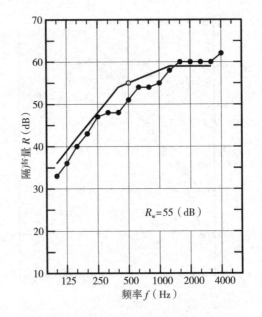

$R_w=55$（dB）

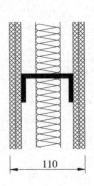

序号 D2–17

频率 f（Hz）	隔声量 R（dB）
100	19
125	21
160	29
200	33
250	35
315	44
400	46
500	49
630	55
800	57
1000	59
1250	62
1600	62
2000	62
2500	61
3150	62
4000	65
R_w	**46**

11mm 水泥刨花板 +15mm 聚苯乙烯泡沫垫块 +1mm 厚 C70mm × 50mm 轻钢龙骨 @600mm，50mm 矿棉 +13mm 软质纤维条 +4mm 低碱水泥板（7.2kg/m²），1981.10.

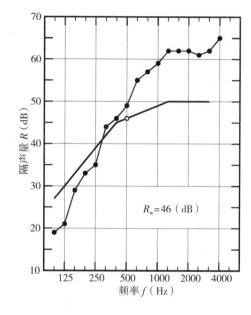

$R_w=46$（dB）

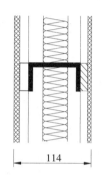

114

序号 D2–18

频率 f（Hz）	隔声量 R（dB）
100	24
125	30
160	36
200	42
250	42
315	45
400	48
500	51
630	57
800	59
1000	61
1250	65
1600	63
2000	60
2500	58
3150	58
4000	62
R_w	**52**

10mm 水泥刨花板（12kg/m²）+13mm 软质纤维条 +1mm 厚 C70mm × 50mm 轻钢龙骨 @600mm，50mm 沥青玻璃棉（100kg/m³）+13mm 软质纤维条 +10mm 水泥刨花板（12kg/m²），1981.2.

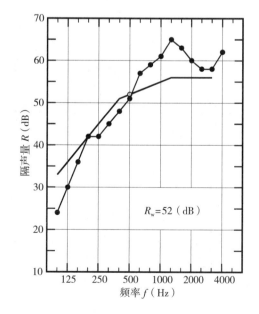

$R_w=52$（dB）

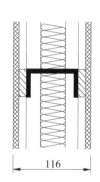

116

序号 D2-19

频率 f（Hz）	隔声量 R（dB）
100	28
125	30
160	37
200	42
250	42
315	45
400	46
500	48
630	54
800	56
1000	59
1250	62
1600	63
2000	63
2500	62
3150	62
4000	63
R_w	**52**

10mm 水泥刨花板（12kg/m²）+13mm 软质纤维条 +1mm 厚 C70mm×50mm 轻钢龙骨 @600mm，50mm 沥青玻璃棉（100kg/m³）+13mm 软质纤维条 + 双层 10mm 水泥刨花板（12kg/m²），1981.2.

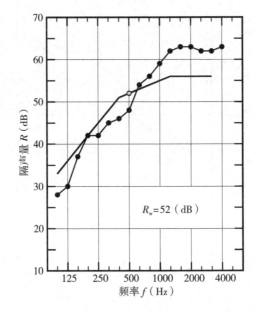

$R_w=52$（dB）

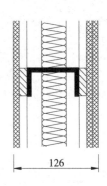

126

序号 D2-20

频率 f（Hz）	隔声量 R（dB）
100	32
125	35
160	40
200	43
250	45
315	48
400	48
500	50
630	56
800	58
1000	61
1250	64
1600	65
2000	65
2500	64
3150	65
4000	66
R_w	**55**

双层 10mm 水泥刨花板（12kg/m²）+13mm 软质纤维条 +1mm 厚 C70mm×50mm 轻钢龙骨 @600mm，50mm 沥青玻璃棉（100kg/m³）+13mm 软质纤维条 + 双层 10mm 水泥刨花板（12kg/m²），1981.2.

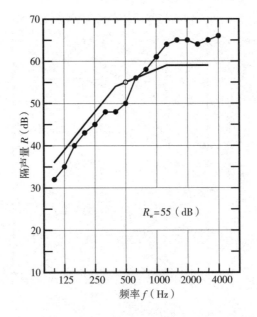

$R_w=55$（dB）

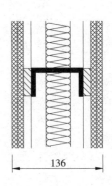

136

序号 D2-21

频率 f（Hz）	隔声量 R（dB）
100	27
125	30
160	34
200	39
250	43
315	49
400	52
500	52
630	56
800	58
1000	61
1250	63
1600	64
2000	65
2500	64
3150	62
4000	62
R_w	**53**

11mm 水泥刨花板 +13mm 软质纤维板 +11mm 水泥刨花板 +1mm 厚 C70mm×50mm 轻钢龙骨 @600mm，50mm 矿棉 +11mm 水泥刨花板 +13mm 软质纤维板 +11mm 水泥刨花板，1981.10.

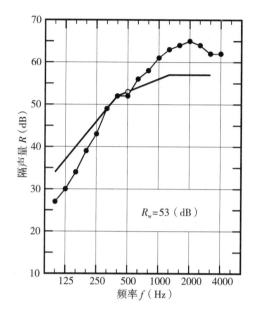

$R_w=53$（dB）

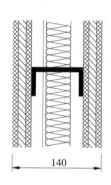

140

序号 D2-22

频率 f（Hz）	隔声量 R（dB）
100	11
125	12
160	19
200	27
250	30
315	29
400	37
500	44
630	44
800	50
1000	54
1250	54
1600	57
2000	58
2500	58
3150	59
4000	59
R_w	**38**

4mm 低碱水泥板（7.2kg/m²）+1mm 厚 C70mm×50mm 轻钢龙骨 @600mm，+4mm 低碱水泥板（7.2kg/m²），1981.10.

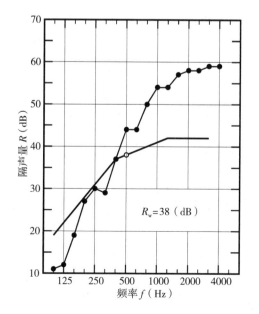

$R_w=38$（dB）

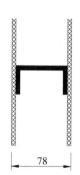

78

序号 D2-23

频率 f（Hz）	隔声量 R（dB）
100	10
125	15
160	22
200	28
250	31
315	30
400	37
500	46
630	45
800	52
1000	55
1250	56
1600	58
2000	60
2500	61
3150	62
4000	62
R_w	**39**

4mm 低碱水泥板（7.2kg/m²）+3mm 橡胶垫条 +1mm 厚 C70mm×50mm 轻钢龙骨 @600mm，+3mm 橡胶垫条 +4mm 低碱水泥板（7.2kg/m²），1981.10.

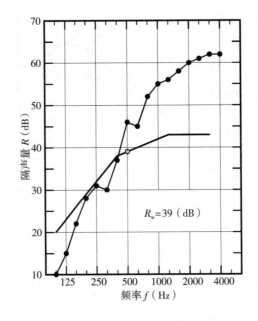

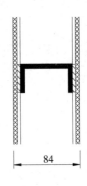

序号 D2-24

频率 f（Hz）	隔声量 R（dB）
100	18
125	19
160	22
200	29
250	28
315	28
400	40
500	44
630	48
800	50
1000	53
1250	58
1600	61
2000	62
2500	63
3150	65
4000	64
R_w	**40**

4mm 低碱水泥板（7.2kg/m²）+13mm 软质纤维条 +1mm 厚 C70mm×50mm 轻钢龙骨 @600mm，+13mm 软质纤维条 +4mm 低碱水泥板（7.2kg/m²），1981.2.

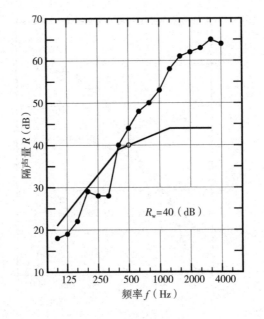

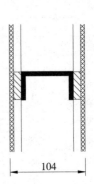

序号 D2–25

频率 f（Hz）	隔声量 R（dB）
100	16
125	24
160	29
200	33
250	36
315	39
400	43
500	47
630	51
800	54
1000	57
1250	60
1600	60
2000	59
2500	58
3150	58
4000	60
R_w	**46**

4mm 低碱水泥板（7.2kg/m²）+13mm 软质纤维条 +1mm 厚 C70mm×50mm 轻钢龙骨 @600mm，+13mm 软质纤维条 +11mm 水泥刨花板，1981.10.

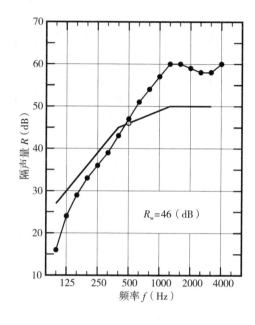

$R_w=46$（dB）

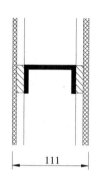

111

序号 D2–26

频率 f（Hz）	隔声量 R（dB）
100	10
125	15
160	22
200	28
250	30
315	32
400	37
500	44
630	46
800	50
1000	54
1250	57
1600	58
2000	59
2500	61
3150	64
4000	64
R_w	**39**

4mm 低碱水泥板（7.2kg/m²）+15mm 聚苯乙烯泡沫条 +1mm 厚 C70mm×50mm 轻钢龙骨 @600mm，+15mm 聚苯乙烯泡沫条 +4mm 低碱水泥板（7.2kg/m²），1981.10.

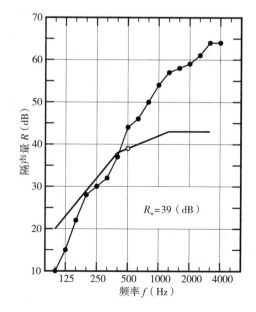

$R_w=39$（dB）

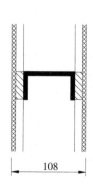

108

序号 D2-27

频率 f（Hz）	隔声量 R（dB）
100	24
125	20
160	26
200	36
250	36
315	35
400	43
500	47
630	52
800	54
1000	56
1250	58
1600	61
2000	62
2500	64
3150	65
4000	64
R_w	**46**

4mm 低碱水泥板（7.2kg/m²）+13mm 软质纤维条 +1mm 厚 C70mm×50mm 轻钢龙骨 @600mm，+13mm 软质纤维条 + 双层 4mm 低碱水泥板（7.2kg/m²），1981.2.

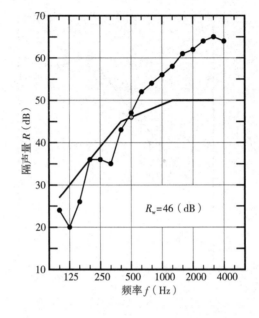

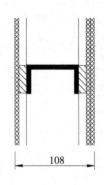

序号 D2-28

频率 f（Hz）	隔声量 R（dB）
100	23
125	25
160	30
200	41
250	40
315	42
400	47
500	49
630	56
800	57
1000	58
1250	62
1600	62
2000	63
2500	65
3150	67
4000	65
R_w	**50**

双层 4mm 低碱水泥板（7.2kg/m²）+13mm 软质纤维条 +1mm 厚 C70mm×50mm 轻钢龙骨 @600mm，+13mm 软质纤维条 + 双层 4mm 低碱水泥板（7.2kg/m²），1981.2.

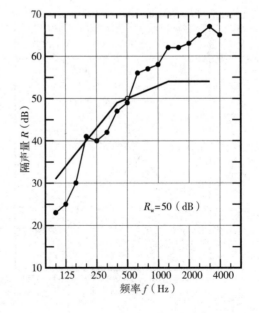

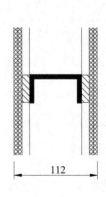

序号 D2-29

频率 f（Hz）	隔声量 R（dB）
100	17
125	22
160	27
200	33
250	37
315	40
400	45
500	49
630	52
800	55
1000	57
1250	59
1600	61
2000	63
2500	65
3150	66
4000	66
R_w	**46**

4mm 低碱水泥板（7.2kg/m²）+13mm 软质纤维条 +1mm 厚 C70mm×50mm 轻钢龙骨 @600mm，+13mm 软质纤维条 + 双层 4mm 低碱水泥板（7.2kg/m²），1981.10.

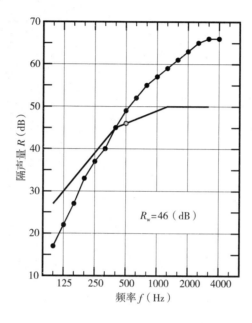

$R_w=46$（dB）

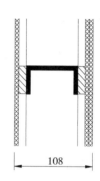

108

序号 D2-30

频率 f（Hz）	隔声量 R（dB）
100	19
125	19
160	27
200	32
250	33
315	36
400	44
500	50
630	52
800	56
1000	60
1250	62
1600	63
2000	64
2500	63
3150	57
4000	51
R_w	**44**

6mm 低碱水泥板（10.8kg/m²）+13mm 软质纤维条 +1mm 厚 C70mm×50mm 轻钢龙骨 @600mm，+13mm 软质纤维条 +6mm 低碱水泥板（10.8kg/m²），1981.10.

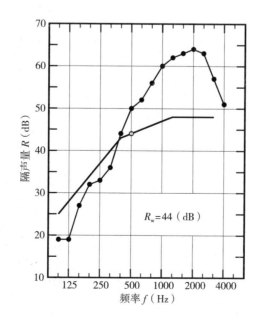

$R_w=44$（dB）

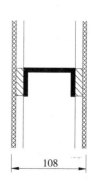

108

序号 D2-31

频率 f（Hz）	隔声量 R（dB）
100	12
125	15
160	21
200	28
250	30
315	33
400	40
500	45
630	47
800	50
1000	52
1250	56
1600	60
2000	61
2500	62
3150	64
4000	65
R_w	**40**

4mm 低碱水泥板（7.2kg/m²）+13mm 软质纤维条 +1mm 厚 C70mm×50mm 轻钢龙骨 @600mm，+13mm 软质纤维条 +4mm 低碱水泥板（7.2kg/m²），1981.10.

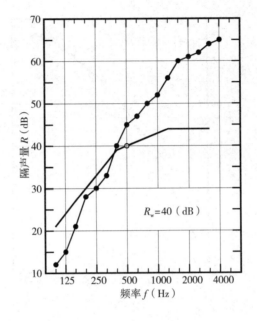

$R_w = 40$（dB）

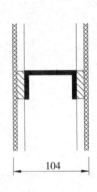

104

序号 D2-32

频率 f（Hz）	隔声量 R（dB）
100	8
125	15
160	17
200	24
250	29
315	31
400	39
500	45
630	47
800	53
1000	56
1250	59
1600	60
2000	61
2500	63
3150	64
4000	65
R_w	**37**

4mm 低碱水泥板（7.2kg/m²）+13mm 软质纤维垫块 +1mm 厚 C70mm×50mm 轻钢龙骨 @600mm，+13mm 软质纤维垫块 +4mm 低碱水泥板（7.2kg/m²），1981.10.

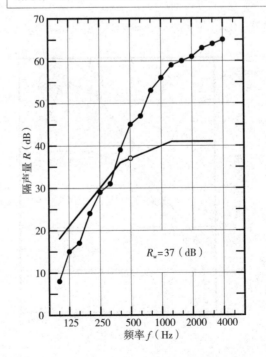

$R_w = 37$（dB）

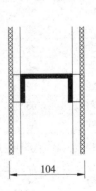

104

序号 D2-33

频率 f（Hz）	隔声量 R（dB）
100	12
125	19
160	20
200	29
250	32
315	32
400	40
500	46
630	45
800	52
1000	55
1250	55
1600	57
2000	58
2500	60
3150	61
4000	61
R_w	**40**

4mm 低碱水泥板（7.2kg/m²）+1mm 厚 C70mm×50mm 轻钢龙骨 @600mm，+ 点粘结油毡一层（点直径 25mm，双向 @50mm）+4mm 低碱水泥板（7.2kg/m²），1981.10.

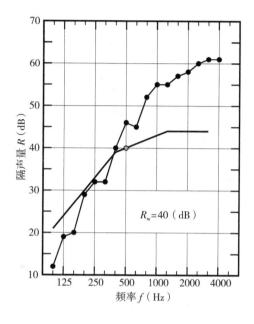
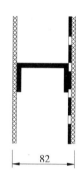

序号 D2-34

频率 f（Hz）	隔声量 R（dB）
100	12
125	16
160	25
200	28
250	35
315	41
400	47
500	50
630	54
800	56
1000	58
1250	58
1600	60
2000	60
2500	62
3150	63
4000	63
R_w	**42**

4mm 低碱水泥板 +1mm 厚 C70mm×50mm 轻钢龙骨 @600mm，50mm 玻璃棉 +4mm 低碱水泥板，1981.2.

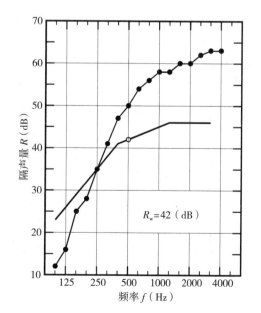
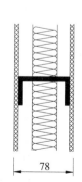

序号 D2-35

频率 f（Hz）	隔声量 R（dB）
100	20
125	27
160	34
200	33
250	39
315	41
400	46
500	49
630	54
800	57
1000	59
1250	61
1600	63
2000	61
2500	60
3150	61
4000	62
R_w	**48**

4mm 低碱水泥板（7.2kg/m²）+13mm 软质纤维条 +1mm 厚 C70mm×50mm 轻钢龙骨 @600mm，50mm 矿棉 +13mm 软质纤维条 +11mm 水泥刨花板，1981.10.

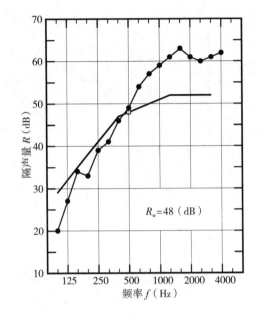

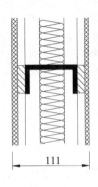

序号 D2-36

频率 f（Hz）	隔声量 R（dB）
100	16
125	21
160	25
200	32
250	38
315	43
400	49
500	51
630	56
800	57
1000	59
1250	60
1600	61
2000	61
2500	63
3150	64
4000	65
R_w	**45**

4mm 低碱水泥板（7.2kg/m²）+1mm 厚 C70mm×50mm 轻钢龙骨 @600mm，50mm 矿棉 + 点粘结油毡一层（点直径 25mm，双向 @50mm）+4mm 低碱水泥板（7.2kg/m²），1981.10.

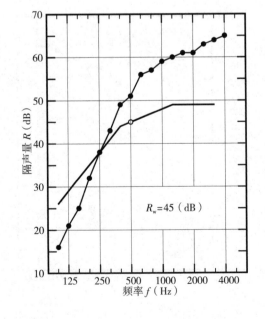

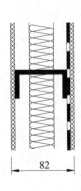

序号 D2-37

频率 f（Hz）	隔声量 R（dB）
100	23
125	28
160	35
200	39
250	46
315	48
400	48
500	53
630	58
800	60
1000	63
1250	65
1600	67
2000	63
2500	48
3150	52
4000	56
R_w	**50**

10mm 水泥加压板 +1mm 厚 C70mm×50mm 轻钢龙骨 @600mm，50mm 玻璃棉 +10mm 水泥加压板，1981.2.

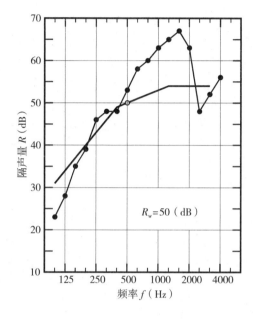

$R_w = 50$（dB）

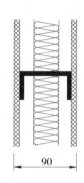

90

序号 D2-38

频率 f（Hz）	隔声量 R（dB）
100	28
125	36
160	41
200	47
250	48
315	52
400	55
500	58
630	59
800	61
1000	64
1250	62
1600	61
2000	59
2500	53
3150	55
4000	59
R_w	**56**

双层 6mm 硅酸钙板 +0.6mm 厚 C80mm×50mm 轻钢龙骨，50mm 玻璃棉（40kg/m³）+6mm 硅酸钙板，2015.7.

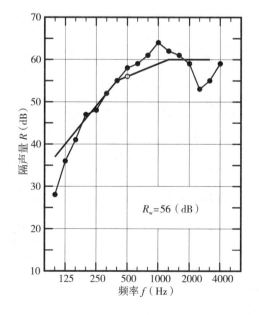

$R_w = 56$（dB）

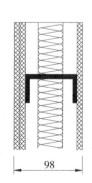

98

序号 E1-01

频率 f（Hz）	隔声量 R（dB）
100	18
125	20
160	23
200	32
250	34
315	32
400	35
500	38
630	41
800	43
1000	46
1250	49
1600	49
2000	48
2500	40
3150	41
4000	45
R_w	**40**

10mm 水泥刨花板（12kg/m²）+90mm×50mm 木龙骨 @600mm+10mm 水泥刨花板（12kg/m²），1981.2.

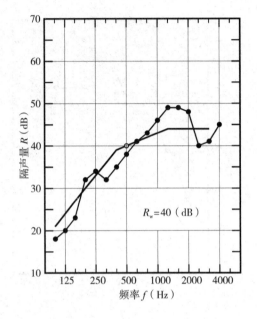

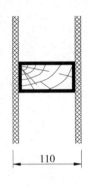

序号 E1-02

频率 f（Hz）	隔声量 R（dB）
100	22
125	24
160	27
200	23
250	25
315	32
400	31
500	35
630	36
800	37
1000	41
1250	43
1600	45
2000	47
2500	41
3150	38
4000	42
R_w	**38**

10mm 石膏板（8.5kg/m²）+90mm×50mm 木龙骨 @700mm+10mm 石膏板（8.5kg/m²），1981.2.

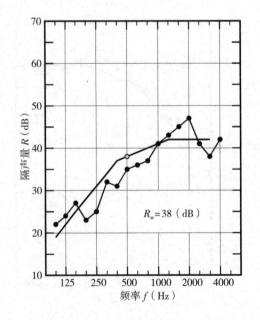

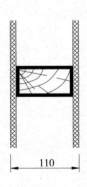

序号 E1-03

频率 f（Hz）	隔声量 R（dB）
100	13
125	18
160	27
200	25
250	32
315	31
400	37
500	39
630	43
800	45
1000	48
1250	51
1600	55
2000	56
2500	57
3150	54
4000	47
R_w	**40**

14mm 蔗渣硬质板（10kg/m²）+90mm×50mm 木龙骨 @600mm+9mm 蔗渣硬质板（6.5kg/m²），1981.2.

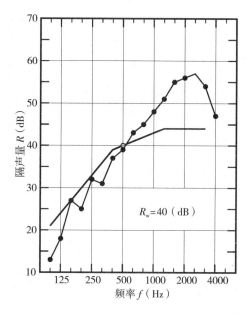

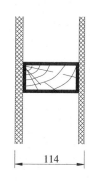

114

序号 E1-04

频率 f（Hz）	隔声量 R（dB）
100	24
125	27
160	29
200	39
250	38
315	37
400	39
500	41
630	43
800	47
1000	51
1250	53
1600	54
2000	53
2500	47
3150	48
4000	53
R_w	**45**

双层 10mm 水泥刨花板（12kg/m²）+90mm×50mm 木龙骨 @600mm+10mm 水泥刨花板（12kg/m²），1981.2.

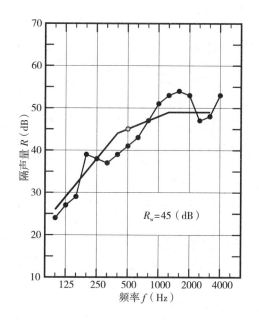

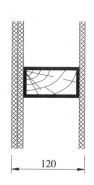

120

序号 E1-05

频率 f（Hz）	隔声量 R（dB）
100	31
125	30
160	31
200	39
250	40
315	41
400	42
500	43
630	47
800	51
1000	55
1250	59
1600	61
2000	59
2500	55
3150	55
4000	58
R_w	**49**

双层 10mm 水泥刨花板（12kg/m²）+90mm×50mm 木龙骨 @600mm+ 双层 10mm 水泥刨花板（12kg/m²），1981.2.

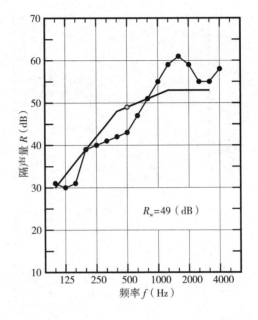

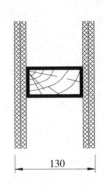

序号 E1-06

频率 f（Hz）	隔声量 R（dB）
100	18
125	23
160	25
200	36
250	34
315	32
400	37
500	41
630	46
800	50
1000	55
1250	60
1600	63
2000	62
2500	61
3150	62
4000	63
R_w	**43**

10mm 水泥刨花板（12kg/m²）+90mm×50mm 木龙骨 @600mm+10mm 水泥刨花板（12kg/m²）+13mm 软质纤维板（3kg/m²），1981.2.

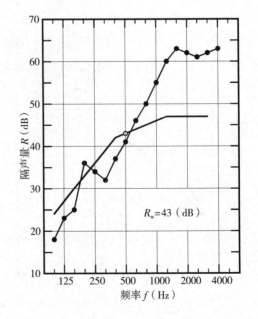

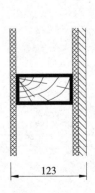

序号 E1-07

频率 f（Hz）	隔声量 R（dB）
100	23
125	27
160	31
200	37
250	38
315	39
400	44
500	49
630	53
800	57
1000	60
1250	62
1600	62
2000	60
2500	56
3150	56
4000	61
R_w	**48**

10mm 水泥刨花板（12kg/m²）+90mm×50mm 木龙骨 @600mm+13mm 软质纤维板（3kg/m²）+10mm 水泥刨花板（12kg/m²），1981.2

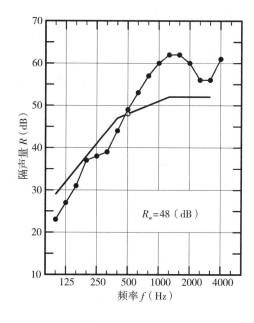

$R_w = 48$（dB）

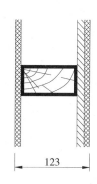

123

序号 E1-08

频率 f（Hz）	隔声量 R（dB）
100	23
125	24
160	29
200	35
250	41
315	43
400	47
500	50
630	53
800	57
1000	59
1250	62
1600	64
2000	63
2500	59
3150	59
4000	60
R_w	**48**

10mm 水泥刨花板（12kg/m²）+90mm×50mm 木龙骨 @600mm+10mm 水泥刨花板（12kg/m²）+13mm 软质纤维板（3kg/m²）+10mm 水泥刨花板（12kg/m²），1981.2.

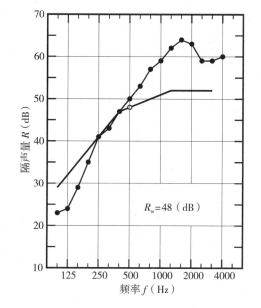

$R_w = 48$（dB）

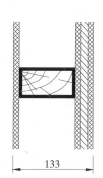

133

序号 E1-09

频率 f（Hz）	隔声量 R（dB）
100	21
125	27
160	25
200	35
250	36
315	36
400	42
500	42
630	47
800	50
1000	53
1250	55
1600	57
2000	55
2500	48
3150	48
4000	55
R_w	**45**

10mm 水泥刨花板（12kg/m²）+90mm×50mm 木龙骨 @600mm+13mm 软质纤维条 +10mm 水泥刨花板（12kg/m²），1981.2.

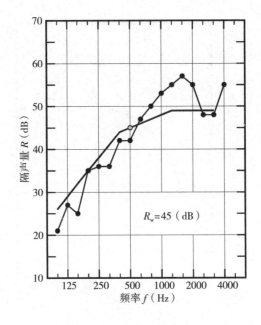

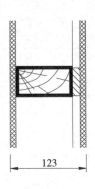

序号 E1-10

频率 f（Hz）	隔声量 R（dB）
100	25
125	28
160	27
200	35
250	36
315	37
400	41
500	45
630	48
800	52
1000	56
1250	60
1600	62
2000	60
2500	54
3150	54
4000	60
R_w	**47**

10mm 水泥刨花板（12kg/m²）+13mm 软质纤维条 +90mm×50mm 木龙骨 @600mm+13mm 软质纤维条 +10mm 水泥刨花板（12kg/m²），1981.2.

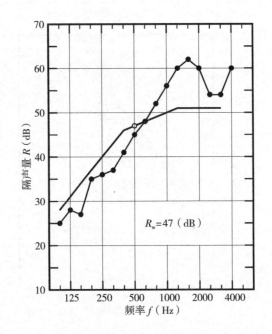

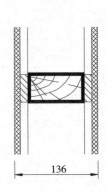

序号 E1–11

频率 f（Hz）	隔声量 R（dB）
100	23
125	27
160	34
200	38
250	38
315	39
400	44
500	45
630	48
800	51
1000	54
1250	56
1600	58
2000	59
2500	52
3150	52
4000	56
R_w	**48**

10mm 水泥刨花板（12kg/m²）+90mm×50mm 木龙骨 @600mm，50mm 沥青玻璃棉（100kg/m³）+10mm 水泥刨花板（12kg/m²），1981.2.

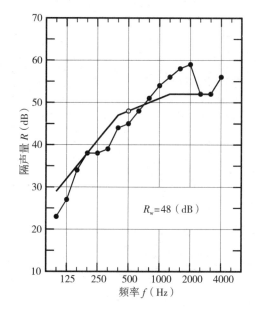

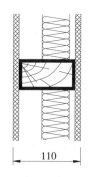

序号 E1–12

频率 f（Hz）	隔声量 R（dB）
100	18
125	14
160	25
200	29
250	33
315	33
400	37
500	39
630	39
800	44
1000	46
1250	48
1600	49
2000	47
2500	43
3150	43
4000	45
R_w	**40**

12mm 石膏板 +75mm×45mm 木龙骨 @600mm，50mm 玻璃棉 +12mm 石膏板，2007.5.

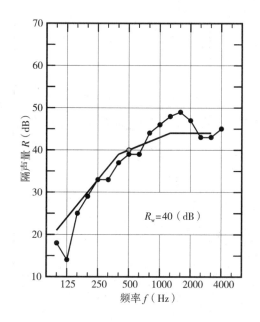

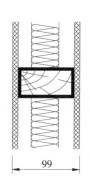

序号 E1–13

频率 f（Hz）	隔声量 R（dB）
100	22
125	18
160	29
200	33
250	36
315	34
400	39
500	41
630	41
800	46
1000	48
1250	50
1600	52
2000	51
2500	46
3150	46
4000	50
R_w	**43**

12mm 石膏板 +75mm×45mm 木龙骨 @600mm，50mm 玻璃棉 + 双层 12mm 石膏板，2007.5.

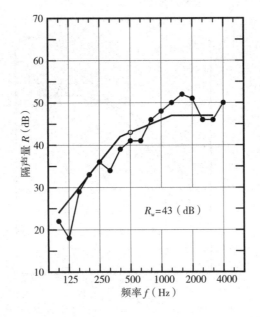

$R_w=43$（dB）

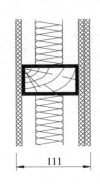

111

序号 E1–14

频率 f（Hz）	隔声量 R（dB）
100	22
125	21
160	32
200	38
250	38
315	38
400	41
500	43
630	42
800	46
1000	49
1250	53
1600	56
2000	54
2500	50
3150	51
4000	56
R_w	**45**

双层 12mm 石膏板 +75mm×45mm 木龙骨 @600mm，50mm 玻璃棉 + 双层 12mm 石膏板，2007.5.

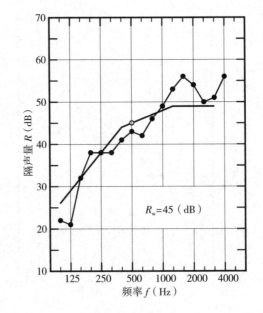

$R_w=45$（dB）

123

序号 E1-15

频率 f（Hz）	隔声量 R（dB）
100	16
125	24
160	26
200	34
250	37
315	33
400	33
500	33
630	38
800	41
1000	43
1250	47
1600	48
2000	48
2500	51
3150	53
4000	53
R_w	**40**

25mm 灰板条粉刷 +100mm×50mm 木龙骨 @400mm+25mm 灰板条粉刷，（70kg/m²），1961.12.

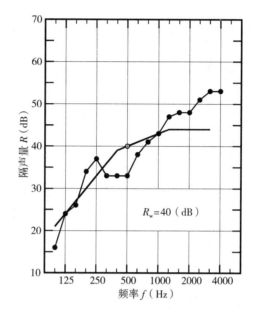

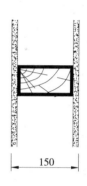

序号 E1-16

频率 f（Hz）	隔声量 R（dB）
100	12
125	12
160	11
200	14
250	12
315	13
400	13
500	14
630	19
800	24
1000	24
1250	24
1600	20
2000	17
2500	17
3150	19
4000	21
R_w	**19**

50mm 菱苦土木丝板，（无粉刷），1961.12.

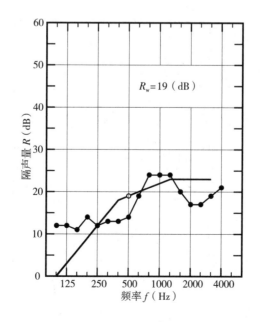

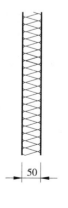

序号 E1-17

频率 f（Hz）	隔声量 R（dB）
100	19
125	21
160	24
200	24
250	26
315	27
400	29
500	32
630	34
800	34
1000	35
1250	34
1600	32
2000	29
2500	32
3150	35
4000	40
R_w	**33**

20mm 抹灰 +50mm 菱苦土木丝板，（单面粉刷），1961.12.

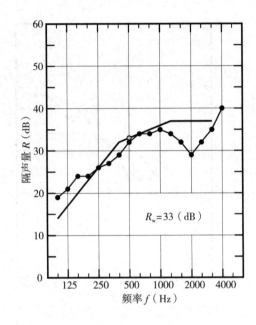

R_w=33（dB）

序号 E1-18

频率 f（Hz）	隔声量 R（dB）
100	26
125	27
160	28
200	29
250	31
315	32
400	34
500	36
630	35
800	36
1000	36
1250	34
1600	33
2000	38
2500	44
3150	45
4000	46
R_w	**37**

20mm 抹灰 +50mm 菱苦土木丝板 +20mm 抹灰，（双面粉刷），1961.12.

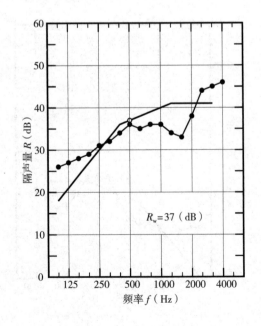

R_w=37（dB）

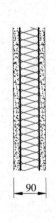

序号 E2-01

频率 f（Hz）	隔声量 R（dB）
100	22
125	21
160	26
200	26
250	26
315	32
400	32
500	35
630	39
800	42
1000	46
1250	50
1600	55
2000	57
2500	61
3150	63
4000	64
R_w	**39**

4mm 低碱水泥板（7.2kg/m²）+13mm 软质纤维条 +55mm×50mm 口形中空石棉水泥龙骨 @600mm+13mm 软质纤维条 +4mm 低碱水泥板（7.2kg/m²），1981.10.

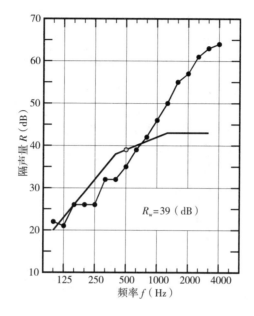

R_w=39（dB）

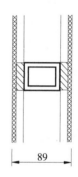

89

序号 E2-02

频率 f（Hz）	隔声量 R（dB）
100	17
125	25
160	21
200	29
250	38
315	39
400	44
500	47
630	53
800	56
1000	57
1250	60
1600	63
2000	63
2500	61
3150	52
4000	50
R_w	**45**

6mm 纤维增强水泥板（10.5kg/m²）+ 工字形 75mm×50mm 非金属龙骨 @600mm+6mm 纤维增强水泥板（10.5kg/m²），1988.5.

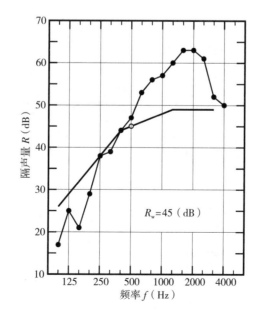

R_w=45（dB）

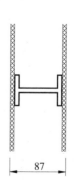

87

序号 E2-03

频率 f（Hz）	隔声量 R（dB）
100	22
125	30
160	25
200	37
250	42
315	44
400	43
500	47
630	53
800	56
1000	59
1250	62
1600	66
2000	67
2500	65
3150	58
4000	58
R_w	**49**

6mm 纤维增强水泥板（10.5kg/m²）+ 工字形 75mm×50mm 非金属龙骨 @600mm+ 双层 6mm 纤维增强水泥板（10.5kg/m²），1988.5.

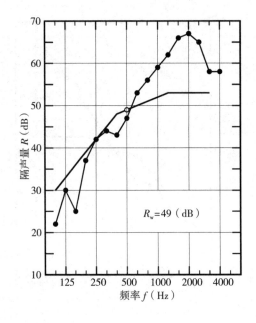

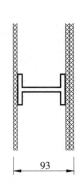

序号 E2-04

频率 f（Hz）	隔声量 R（dB）
100	27
125	40
160	37
200	40
250	41
315	42
400	44
500	48
630	54
800	57
1000	60
1250	63
1600	67
2000	69
2500	69
3150	64
4000	64
R_w	**52**

双层 6mm 纤维增强水泥板（10.5kg/m²）+ 工字形 75mm×50mm 非金属龙骨 @600mm+ 双层 6mm 纤维增强水泥板（10.5kg/m²），1988.5.

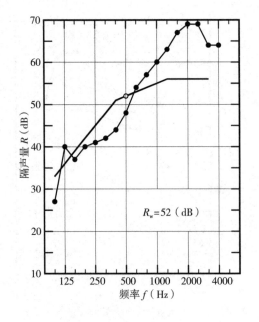

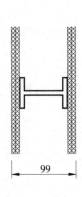

序号 E2-05

频率 f（Hz）	隔声量 R（dB）
100	23
125	27
160	37
200	40
250	46
315	48
400	52
500	51
630	50
800	53
1000	54
1250	57
1600	58
2000	62
2500	62
3150	61
4000	60
R_w	**52**

6mm 纤维增强水泥板（10.5kg/m²）+ 工字形 75mm × 50mm 非金属龙骨 @600mm+ 20mm 岩棉（100kg/m³）+6mm 纤维增强水泥板（10.5kg/m²），1988.5.

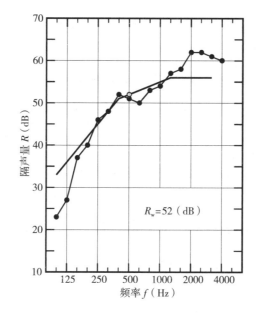

$R_w = 52$（dB）

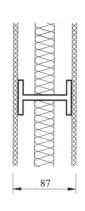

87

序号 E2-06

频率 f（Hz）	隔声量 R（dB）
100	17
125	20
160	27
200	34
250	40
315	43
400	45
500	43
630	52
800	51
1000	54
1250	56
1600	59
2000	60
2500	58
3150	52
4000	49
R_w	**46**

6mm 纤维增强水泥板（10.5kg/m²）+ 工字形 75mm × 50mm 非金属龙骨 @600mm+ 6mm 纤维增强水泥板（10.5kg/m²），1988.5.

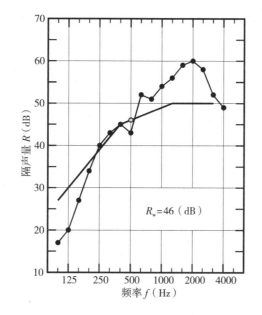

$R_w = 46$（dB）

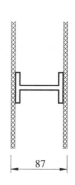

87

附录二 作者历年发表相关论文（1958～2020）

［1］ 章启馥，王季卿，盛养源.同济大学隔声实验室及其性能分析［J］.同济大学学报，1958（10）：14～20.

［2］ 王季卿，王湜贤.上海地区住宅噪声初步调查［C］//上海市物理学会声学工作委员会.1961年声学报告选集：21～35.

［3］ 王季卿.上海市三种典型结构住宅的隔声研究［R］.建筑隔声学术讨论会（1965.12.20～25，上海）A7.

［4］ 章启馥，王季卿，王湜贤.加气硅酸盐轻质砌块墙的研究［R］.建筑隔声学术讨论会，（1965.12.20～25，上海）B1.

［5］ 王湜贤，王季卿，李杰.分层复合板的隔声性能［R］.建筑隔声学术讨论会，（1965.12.20～25，上海）B4.

［6］ 王季卿.同济大学宿舍工程中17种实验性隔墙的隔声［C］//第二届建筑物理学术会议论文集.北京：中国建筑工业出版社，1966：155～172.

［7］ 王季卿，王湜贤.四种住宅噪声的调查和分析［C］//第二届建筑物理学术会议论文集.北京：中国建筑工业出版社，1966：252～266.

［8］ 王季卿.住宅隔声进展［J］.同济大学学报，1979（1）：1～19.

［9］ Shao Song-ling, Wang Ji-qing.A proposed single number rating method for sound insulation of a partition.Proceeding of inter-noise80, Miami, USA, 1980：747～752.

［10］ 王季卿.提高轻板隔墙隔声性能的实验研究［J］.同济大学学报，1981（2）：79～91.

［11］ Wang Ji-qing, Gu Qiang-guo.Performance of sound transmission loss of metal stud lightweight panel partitions［R］. Proceeding of inter-noise 82, San Francisco, USA, 1982：475～478.

［12］顾樯国，王季卿.弹性联接对轻钢龙骨轻板隔墙隔声量的影响［J］.声学学报，1983，8（1）：1～13.

［13］ Gu Qiang-guo, Wang Ji-qing. Effect of resident construction on sound transmisson loss of metal stud double panel partitions.Chinese Journal of Acoustics, 1983, 2（2）：113～126.

［14］王季卿，顾樯国 . 提高轻板隔墙的隔声性能［J］. 应用声学，1983，2（3）：28～32.

［15］Xu Zhi-jiang, Zhi Wei-wei, Wang Ji-qing. Practical considerations of the sound insulation of gypsum board partitions［R］. Proceeding of inter-noise87, Sept. 1987, Beijing, China：727～730.

［16］Wang Ji-qing.Short test method for air-borne sound insulation between dwellings［R］. Proceeding of inter-noise87, Sept.1987, Beijing, China：433～436.

［17］Wang Ji-qing,Gu Qiang-guo.Classroom subjective criterion in schoolbuilding regulations［R］. Proceeding of inter-noise87, Sept.1987, Beijing, China：1141～1143.

［18］ZhangXiao-yuan, Wang Ji-qing. Ananalytical study of a simplified method for measuring airborne sound insulation in dwellings［J］.Applied Acoustics, 1989, 26（3）：209～215.

［19］徐之江，朱维薇，王季卿 . 石膏板墙实用中的隔声问题［J］. 噪声与振动控制，1989，9（2）：21～36.

［20］Wang Ji-qing. Noise abatement in dwellings［R］. Keynote address, Western Regional Acoustics ConferenceIV, Brisbane, Australia, 26～28, Nov, 1991.

［21］祝培生，王季卿 . 人工神经网络在建筑声学中的应用［J］. 应用声学，2003，223（6）：29～33.

［22］祝培生，王季卿 . 人工神经网络在轻板隔墙隔声预计中的应用［J］. 电声技术，2006（11）：12～16.

［23］顾樯国，王季卿 . 再议轻钢龙骨刚度对薄板间壁隔声的影响［J］. 声学技术，2018，37（3）：261～267.

［24］王季卿，顾樯国 . 轻钢龙骨薄板间壁隔声的实验和设计述评［J］. 噪声与振动控制，2018，38（1）：1～8.

［25］王季卿，顾樯国 . 板与龙骨通过螺钉连接的结构传声作用探讨［J］. 噪声与振动控制，2018，38（3）：186～189，224.

［26］Gu Qiang-guo, Wang Ji-qing. A review of the metal stud stiffness on the sound insulation of gypsum board partitions［J］.Chinese Journal of Acoustics, 2019, 38（3）：241～252.

［27］Wang Ji-qing, Gu Qiang-guo.The effect of the structure-borne sound transmission between panel and stud via screw connections for a double leaf partition［J］.Chinese Journal of Acoustics, 2020, 39（1）：1～9.